AF591666

NOTICE

SUR LA CAUSE DES MOUVEMENTS

DE ROTATION ET DE TRANSLATION

DE LA TERRE ET DES AUTRES PLANÈTES,

SUR DIVERS AUTRES PHÉNOMÈNES AUXQUELS ELLE DONNE LIEU,

ET SUR SES EFFETS

PENDANT LES RÉVOLUTIONS DE LA SURFACE
DE CERTAINS CORPS PLANÉTAIRES.

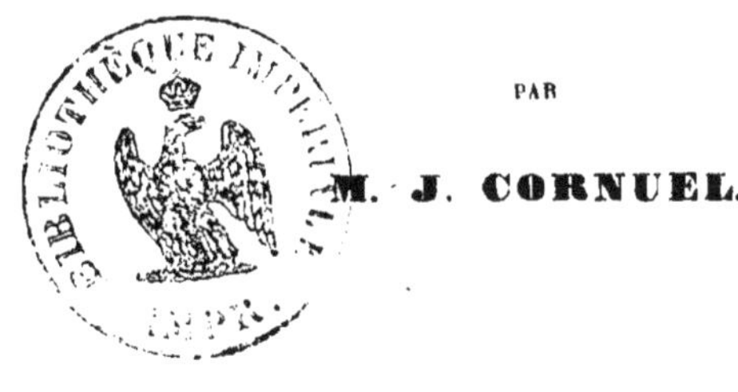

PAR

M. J. CORNUEL.

PARIS.
IMPRIMERIE DE L. MARTINET,
RUE MIGNON, 2.
1854.

NOTICE

SUR LA CAUSE DES MOUVEMENTS

DE ROTATION ET DE TRANSLATION

DE LA TERRE ET DES AUTRES PLANÈTES,

SUR DIVERS AUTRES PHÉNOMÈNES AUXQUELS ELLE DONNE LIEU,

ET SUR SES EFFETS

PENDANT LES RÉVOLUTIONS DE LA SURFACE DE CERTAINS CORPS PLANÉTAIRES (1).

Il s'accomplit sous nos yeux, dans l'univers, une série de grands phénomènes qui méritent toute l'attention des savants, et dont les causes sont restées ignorées jusqu'à présent. Tous intéressent les physiciens et les astronomes. Mais il en est qui rentrent dans le domaine de la géologie ; et, pour justifier cette assertion, il me suffira d'énoncer les trois propositions suivantes, dont cette notice donnera l'explication.

1° Tous les globes doués d'une lumière propre se tiennent à de grandes distances les uns des autres par l'effet d'un agent physique dont l'action est incessante, et dont la force excède leur gravitation. Cet agent leur imprime un mouvement de rotation, et même à quelques-uns un mouvement de translation autour d'autres. Par ses variations, il est la cause des changements qui s'opèrent plus ou moins lentement dans leurs positions relatives.

2° C'est aussi cet agent qui produit la rotation de la terre et des autres planètes, leur translation suivant une ellipse peu allongée, et les mouvements des satellites ; et il fait dépendre la forme des orbites de l'état extérieur de chaque globe qui se meut.

(1) Inséré partiellement dans le *Bulletin de la Société géologique de France*, 2e série, t. X, p. 549.

C'est encore lui qui produit ces phénomènes de second ordre connus sous les noms de magnétisme terrestre et d'aurores boréales.

3° Quand une planète subit une révolution physique très intense, l'action du même agent fait cesser sa rotation. Dès que la rotation est arrêtée, la planète est forcée de changer son orbite en une ellipse très allongée; de sorte qu'elle devient une comète, et qu'elle ne reprend son premier état que quand le paroxysme a cessé et que la rotation recommence.

Cette notice étant écrite pour la Société géologique, je devrais négliger les deux premières propositions et ne m'occuper que de la troisième; mais les phénomènes qu'elles indiquent ont entre eux une liaison tellement intime, et l'explication de l'un prépare tellement celle de l'autre, qu'il est impossible de les séparer sans affaiblir la démonstration de l'existence de leur cause commune et des divers effets qui en résultent.

Sans avoir besoin d'examiner actuellement si les révolutions que la terre a déjà subies ont été ou non assez importantes pour la transformer en comète pendant leur durée, il est essentiel de prouver l'exactitude de la troisième proposition, d'autant plus qu'il est constaté, en géologie, qu'en général les révolutions de notre globe ont augmenté en intensité à mesure qu'elles se sont succédé; ce qui est conforme à l'idée qu'il faut une force de plus en plus grande pour briser une écorce qui devient de plus en plus épaisse, et qu'alors il peut venir un temps où notre planète éprouverait une révolution assez considérable pour qu'il s'opérât en elle ce que nous voyons se produire sur les comètes.

Dans le *Bulletin de la Société géologique*, 1re série, t. VI, p. 212, M. Virlet a très logiquement expliqué la nature et les changements d'aspect des comètes. Il en attribue bien la cause à des révolutions physiques, mais son mémoire n'a introduit dans la science qu'une donnée qui est restée à l'état de conjecture, parce qu'il n'a signalé que la partie la plus secondaire des effets concomitants d'une grande révolution planétaire, sans s'occuper des effets principaux et de leur cause. Je vais essayer d'aller plus loin que lui; et je m'estimerai heureux si je réussis seulement à faire comprendre que ce sujet mérite d'être sérieusement étudié.

L'attraction, propriété de la matière pondérable, fait graviter les masses les unes vers les autres, et produit leur force centripète. Si elle agissait seule, tous les globes se précipiteraient l'un sur l'autre, et se réuniraient en masse serrée, de manière à dépeupler les espaces célestes. Or, il n'en est pas ainsi ; donc il y a une force centrifuge qui fait contre-poids à la gravitation.

On a cherché à expliquer cette force centrifuge en supposant, pour les planètes, que chacune d'elles aurait reçu une impulsion primitive dont la direction n'aurait pas passé par son centre de gravité. Il en serait résulté un double mouvement de rotation et de translation ; et celle-ci, qui se serait effectuée en ligne droite, s'il n'y avait eu que la seule force d'impulsion, se ferait en définitive, à cause de la gravitation, suivant une courbe fermée qui serait la résultante des deux forces contraires. On a même invoqué certains principes de mécanique, en indiquant pour exemple les mouvements du jouet qu'on nomme *toupie.*

Quelque ingénieuse que soit cette hypothèse, elle n'en est pas moins une erreur. D'abord, l'exemple cité ne lève pas la difficulté ; car, si la toupie décrit une courbe en même temps qu'elle tourne sur son axe, ce n'est que parce que son mouvement n'est pas encore parfaitement régularisé. Aussitôt qu'il l'est, elle ne change plus de place, même en tournant sur une glace que l'on a pris le soin de rendre bien horizontale. Alors elle *dort,* pour me servir de l'expression des enfants ; ce qui prouve que la translation n'est pas un effet nécessaire de l'impulsion latérale. Ensuite il faudrait admettre qu'une force qui n'aurait agi qu'un seul instant aurait produit un effet capable de contre-balancer, à tout jamais, sans s'affaiblir, la force d'attraction, qui est incessamment agissante. Il aurait fallu d'ailleurs que toutes les planètes fussent à l'état solide dès l'origine, et qu'elles reçussent toutes l'impulsion du même côté et hors de leur centre de gravité. Il aurait fallu encore qu'entre toutes les courbes possibles, il se produisît précisément une courbe fermée capable de maintenir l'équilibre des éléments, de donner de la fixité aux climats, et de favoriser le développement ou d'empêcher l'anéantissement de la nature organique. De plus, une courbe fermée qui résulterait de l'action combinée de deux forces constantes, l'une centrifuge et l'autre centripète, ne pourrait être qu'un cercle. Or les planètes ne décrivent pas de cercles ; leurs orbites sont des ellipses dont le soleil occupe un des foyers ; de sorte que de l'aphélie au périhélie l'attraction l'emporterait sur la force d'impulsion, et du périhélie à l'aphélie ce serait le contraire, et ces alternances ne s'accorderaient plus avec l'hypothèse d'une impulsion primitive. Le mouvement des comètes s'accorde encore moins avec cette supposition ; car on est obligé de reconnaître que les comètes marchent comme si une puissante attraction les précipitait dans la région du soleil, et comme si, ensuite, une puissante répulsion les en éloignait. Enfin, on ne comprendrait pas qu'une simple propulsion latérale eût pu engendrer la cycloïde que les satellites décrivent en suivant leur planète dans l'espace. Donc on ne peut attribuer à une impulsion initiale la cause qui contre-balance la gravitation. C'est qu'en effet il y a une cause toute différente de celle-là, et je la définis ainsi :

La terre et tous les astres, y compris les comètes, doivent leurs distances et leurs mouvements au concours plus ou moins puissant de deux forces contraires qui procèdent, l'une de leur attraction, et l'autre de leur électricité. L'attraction est la cause de la force centripète, et l'électricité est la cause de la force centrifuge et de tous les mouvements qui en dérivent.

L'expérience a prouvé, depuis longtemps, qu'un foyer intense d'électricité en est un aussi de chaleur et de lumière; et il n'y avait pas loin de là à la proposition inverse qu'un foyer de chaleur et de lumière est également un foyer d'électricité. Aussi, l'électricité que donnent les foyers ordinaires de chaleur a-t-elle été constatée non seulement à l'aide des minéraux pyro-électriques, mais encore au moyen des appareils thermo-électriques dont la physique expérimentale s'est enrichie.

Les rapports entre la chaleur et l'électricité sont tellement intimes, a dit M. Becquerel, que la production de l'une est ordinairement accompagnée de la production de l'autre. Rien ne tend plus à prouver leur identité que l'électricité des machines à vapeur et surtout l'expérience que l'on fait avec la machine hydro-électrique de M. Armstrong. C'est une machine à vapeur d'où l'on fait échapper la vapeur d'eau par des tubes disposés d'une certaine manière. En en sortant, cette vapeur perd son électricité contre des peignes métalliques communiquant au sol, et la chaudière s'électrise en sens contraire, parce qu'elle est isolée. Dans cet appareil, la quantité de fluide est telle, dit M. Pouillet, qu'il donne des étincelles presque incessantes à la distance de 3 à 4 décimètres, et qu'il charge 140 fois par minute une grande jarre, que la plus grande machine de Londres ne charge pas 3 fois dans le même temps.

Dans l'*Annuaire du bureau des longitudes* pour 1832, page 235, en parlant de cette lumière, que l'on a assimilée à celle du soleil, et que l'on obtient dans le vide au moyen de deux charbons placés aux pôles d'une pile voltaïque, M. Arago disait : « Cette expérience est » très importante. Je ne dirai pas cependant qu'il en découle, avec

» quelque certitude, la conséquence que la lumière du soleil et des » étoiles est une lumière électrique ; mais on m'accordera, du moins, » que le contraire n'est pas prouvé..... »

Cette conjecture est maintenant suffisamment vérifiée par l'expérience ; car, sans rappeler les minéraux pyro-électriques, qu'on peut électriser avec la chaleur solaire comme avec celle des autres foyers, ni d'autres minéraux qu'on rend phosphorescents par insolation, on peut citer d'abord le daguerréotype, où la lumière solaire, même diffuse, procédant par l'électrisation moléculaire, électrise si délicatement, dans la proportion de ses tons ou de son intensité, les molécules de vapeur que reçoit la plaque, qu'elle nous montre que l'électricité a une gradation plus parfaite que l'échelle des sons dans l'acoustique. D'un autre côté, des expériences directes ont permis de constater les effets électriques produits dans l'action chimique de la lumière du soleil, et l'on sait combien l'influence de cet astre opère de combinaisons et de décompositions à la surface de la terre.

Je revisais ce travail, lorsqu'un journal me fit connaître l'expérience très remarquable de M. Beckensteiner, qui suffirait seule pour prouver, de la manière la plus péremptoire, la propriété électrique des rayons du soleil.

L'électrisation de l'atmosphère par l'action du même astre n'est d'ailleurs plus un secret pour les physiciens météorologistes, qui savent, en outre, que le maximum de ses variations diurnes est subordonné à l'état hygrométrique de l'air, dont l'humidité augmente la conductibilité.

Je ferai voir plus loin que les orages et les éclairs de chaleur ont uniquement, ou au moins principalement, pour cause l'électricité solaire, l'écorce refroidie de notre globe ne pouvant pas, par elle seule, communiquer à l'air et à la vapeur plus d'électricité dans une saison que dans une autre ; et j'espère pouvoir faire la même preuve pour les aurores boréales. Mais, comme ces phénomènes, si étendus qu'ils soient, ne sont cependant que des perturbations locales au milieu d'un état électrique général, je m'attacherai surtout au magnétisme terrestre, parce que, si je démontre que c'est le soleil qui le produit, il sera la preuve la plus manifeste de l'action électro-dynamique de cet astre.

L'appareil de M. Wheatstone donne un résultat qui tend à établir que la vitesse de l'électricité n'est pas moindre que celle de la lumière. Cela se conçoit très bien : car la lumière solaire ne peut pas être électrique sans que son électricité marche aussi vite qu'elle.

Puisqu'il est constant que le soleil communique, en peu d'instants, une certaine dose de fluide électrique à des corps de peu d'étendue, combien n'en doit-il pas transmettre, pendant la durée d'un jour, à tout un hémisphère terrestre, dont la surface est l'équivalent d'une aire plane de plus de 127 millions de kilomètres carrés. Il n'y a d'ailleurs pas que les surfaces solides et liquides de la terre qui en reçoivent, car l'atmosphère en absorbe aussi une partie considérable, les rayons de l'astre la traversant dans toute son épaisseur.

Si l'électricité qui émane du soleil n'est pas aussi facile à constater et à recueillir que celle que donnent les machines électriques, cela tient à ce que celle-ci, toujours concentrée et accumulée dans un petit espace, a une expansion brusque et toute locale dès qu'on lui livre passage, tandis que celle-là procède partout moléculairement et même atomiquement, avec une action incessante, mesurée et uniforme, dans une immense étendue à la fois et dans tous les milieux ou dans tous les corps qui ne se prêtent pas à sa polarisation. Aussi n'est-ce que quand sa tendance à l'expansion uniforme est contrariée que son exubérance se manifeste par des perturbations.

Pour expliquer les actions électro-dynamiques que les astres exercent les uns sur les autres, il faut le secours d'une théorie. Mais à laquelle recourir? Est-ce à l'hypothèse de Dufay, qui suppose deux électricités? Elle a fait son temps; car, outre qu'elle ne peut pas rendre compte de tous les faits dont la science s'est enrichie depuis Dufay, ni leur servir de lien commun, elle ne repose que sur un raisonnement faux et spécieux, dont je trouverai la réfutation dans l'expérience même qui lui sert de base. En raison des entraves dont elle est la cause, et de l'impossibilité d'expliquer avec elle les grands phénomènes astronomiques, il est surprenant que personne n'ait songé, jusqu'à présent, à relever l'erreur commise par son auteur. Est-ce à la théorie de Franklin, qui n'admet qu'un seul fluide électrique en plus ou en moins? Elle a le tort d'avoir été abandonnée depuis longtemps par les physiciens français, quoique le langage scientifique fasse, en quelque sorte, un retour vers elle par ses expressions d'*électricité positive* et d'*électricité négative*. Cependant, j'en tenterai l'application, parce qu'elle est éminemment vraie dans son principe, puisqu'on peut, avec elle, expliquer facilement tous les faits, et qu'elle mène très bien du connu à l'inconnu, ce qui est le propre de toute bonne théorie. Mais elle a besoin de plus de précision et surtout d'un complément qui lui a manqué jusqu'à présent. J'essaierai de les lui donner à l'aide de l'électro-chimie, de la cristallisation et de l'isomorphisme, qui se prêtent peu à de faux raisonnements. C'est ainsi que j'espère parvenir à démontrer que l'électricité est une ; qu'elle n'est pas libre dans les corps qui nous entourent, mais que, au contraire, elle s'y dose en quantité normale ; qu'elle est l'agent et le régulateur des combinaisons et la cause des décompositions ; que chaque atome et même chaque molécule libre a une électrosphère susceptible d'augmentation et de diminution ; que la véritable théorie des combinaisons est celle de l'égalisation électrique ; que, quand une combinaison se forme, il y a de l'électricité déplacée, et que, par conséquent, dans les astres que le refroidissement n'a pas encore convertis en planètes, les combinaisons qui se forment à leur périphérie sont un immense foyer d'où se dégage l'électricité qui produit leur photosphère.

Je devrais commencer par là, afin de ne pas laisser à mon sujet principal l'apparence d'une pure hypothèse. Mais, comme j'écris surtout pour des géologues, je diviserai cette notice en deux parties. Je placerai dans la première tout ce qui regarde les actions réciproques des corps célestes et de la terre, et je renverrai dans la seconde tout ce qui concerne la théorie, sauf quelques points que je ne pourrai me dispenser d'effleurer de prime abord. Il sera facile au lecteur de suivre, s'il le préfère, l'ordre inverse qui est le plus rationnel.

Pour beaucoup de personnes, les théories ont peu d'attrait et les faits sont tout ; mais on doit distinguer entre les théories qui prennent l'inconnu pour point de départ, et celles qui, n'embrassant que les faits connus, s'appliquent à les coordonner pour mettre en relief leur véritable cause.

PREMIÈRE PARTIE.

ACTIONS ÉLECTRO-DYNAMIQUES DES ASTRES.

I. Nébuleuses.

Après avoir lu ce que M. Arago a écrit sur ce sujet dans l'*Annuaire du bureau des longitudes pour* 1842, on accepte facilement cette idée : que, dans leur premier état, les nébuleuses sont une matière diffuse, phosphorescente ou lumineuse par elle-même, formant des agglomérations multiformes plus ou moins étendues, et occupant des positions où l'on ne remarque pas d'étoiles; et qu'après des transformations, elles arrivent à un second état, qui est celui de nébuleuses résolubles ou à noyau, c'est-à-dire dans lesquelles il se forme une ou plusieurs étoiles. « Nous avons établi avec une grande » probabilité, dit le savant astronome (page 434), qu'une condensa- » tion graduelle de la matière phosphorescente conduit comme der- » nier terme à des apparences sidérales; que nous assistons enfin à la » formation de véritables étoiles. »

Il est vraisemblable que la matière diffuse des nébuleuses se compose initialement d'atomes non agrégés. Le fluide lumineux qui en éclaire l'ensemble, et qui doit être en même temps électrique comme la lumière solaire, puisque les nébuleuses se résolvent en étoiles, ne devrait pas être gêné dans sa marche par des atomes qui sont libres. Il devrait dès lors, en raison de la force d'expansion qui lui est propre, se répandre dans le vide de l'espace avec sa vitesse connue de 77 000 lieues par seconde. Par l'effet de l'attraction, les atomes de la matière pondérable doivent, au contraire, graviter vers un ou plusieurs centres communs pour former des masses. Mais on ne peut pas admettre que les éléments de la substance pondérable se déplacent avec la même vitesse que la lumière, d'autant plus que, même dans leur tendance vers un même centre, ils doivent se retarder par leurs attractions réciproques, qui s'exercent dans tous les sens, et qu'en outre il leur faut du temps pour constituer en grand des combinaisons fixes. Le fluide lumineux devrait donc toujours avoir disparu avant la concentration des atomes; et ainsi les nébuleuses ne devraient jamais se résoudre qu'en noyaux opaques invisibles pour nous. Or, c'est le contraire qui a lieu. Donc le fluide lumineux ou électrique et la matière pondérable ne sont pas absolument indépendants l'un de l'autre. C'est d'ailleurs ce que nous apprennent les corps que nous mettons en expérience, puisqu'ils retiennent tous de l'électricité. Si ce fluide était totalement libre, il ferait comme celui qu'une machine électrique communique à un conducteur, il se porterait à la surface, puis s'échapperait dans l'espace, et le corps n'en conserverait aucune partie.

S'il y a une certaine dépendance entre la matière pondérable et l'électricité, comme les atomes ne peuvent être ni divisables ni poreux, ainsi que je le prouverai, on est obligé d'en induire que chaque atome a une électro-sphère qui lui est propre, et qui se fixe autour de lui sans le pénétrer.

Lorsqu'il se forme une combinaison dont le résultat est une plus grande concentration d'atomes, il y a dégagement d'électricité, ce qui a lieu fréquemment dans les opérations chimiques. L'électricité dégagée constitue, relativement à la combinaison qui vient de se former, un excès qui devient libre, et qui se répand dans l'espace quand il n'y a pas de corps voisins en position de le recevoir.

D'un autre côté, suivant le procédé employé, on peut tirer d'un corps simple de l'électricité positive ou de l'électricité négative. S'il faut entendre par là qu'il y a deux espèces d'électricité, le corps simple ne pourra les posséder toutes deux sans qu'elles soient aussi dans chacune de ses molécules, puisque celles-ci sont toutes de même nature ; et aucune de ces molécules ne pourra non plus les avoir toutes deux sans que chacun de ses atomes les ait l'une et l'autre, puisque ces atomes sont tous aussi de même nature. Donc l'électrosphère d'un atome réunirait les deux fluides électriques contraires ; mais ils ne pourraient s'y trouver que dans l'un de ces deux états : séparés ou intimement unis. Séparés, il faudrait que moitié de l'électrosphère atomique fût d'une sorte et l'autre moitié d'une autre sorte, ce qui serait absurde, puisque la séparation serait précisément contraire à l'hypothèse de la recomposition ou neutralisation des deux fluides. En outre, on ne concevrait pas pourquoi une espèce se placerait d'un côté plutôt que de l'autre, ni comment il serait possible d'enlever à chaque atome l'électricité d'une espèce en lui laissant l'autre, les deux fluides devant se retenir l'un l'autre ou se suivre l'un l'autre avec une vitesse incalculable, en vertu de la tendance à la recomposition que l'hypothèse leur prête. Intimement unis, ce qui serait plus rationnel, on concevrait encore moins la possibilité d'obtenir l'un ou l'autre à volonté, puisqu'ils mettraient toujours plus de vitesse à se réunir qu'aucun appareil ne pourrait en mettre à les séparer.

De ces simples observations théoriques, qui trouveront plus loin leur confirmation, résultent déjà ces conséquences : que l'électricité n'est pas absolument indépendante des atomes de la matière pondérable ; que chaque atome a une électrosphère susceptible de varier en quantité ; que la partie de l'électrosphère qui abandonne son atome dans certaines circonstances constitue un excès qui seul devient libre, et qu'il n'y a qu'une seule espèce d'électricité.

Nos expériences de cabinet ne portent jamais que sur de petites quantités de matière déjà fort appauvries de fluide électrique, comme tout ce qui appartient à la surface d'un astre éteint. Elles ont lieu avec toutes les conditions défavorables de la gravitation vers la terre et de l'action perturbatrice des instruments matériels, des corps ambiants, et surtout d'une atmosphère plus ou moins sèche et résistante ou plus ou moins hygrométrique. Dans le vide des espaces célestes, au contraire, tout s'accomplit comparativement avec beaucoup plus d'harmonie et de liberté.

Dans une nébuleuse diffuse, les électrosphères atomiques sont considérables, puisqu'elles ont assez d'intensité pour être lumineuses. La lumière qu'elles nous envoient nous annonce qu'elles subissent une déperdition par rayonnement. Cette déperdition, que favorise le vide de l'espace, est la conséquence nécessaire de la tendance bien connue de l'électricité à se mettre partout quantitativement en équilibre. De prime abord les atomes sont d'autant plus écartés qu'ils ont plus d'électricité, ensuite ils se rapprochent d'autant plus qu'ils en perdent davantage. C'est, entre des infiniment petits, le même phénomène que celui des balles d'électroscope auxquelles on a communiqué un excès d'électricité. Les atomes de la périphérie d'une nébuleuse sont nécessairement ceux dont les électrosphères s'amoindrissent les premières. Alors, soit qu'ils quittent la surface pour faire place à d'autres et se rapprocher dans l'intérieur de la nébuleuse, soit, ce qui est plus probable, qu'ils empruntent aux atomes voisins une partie du fluide qui constitue en ceux-ci un excès par rapport à ce qui en reste aux premiers, il y a, dans toute la masse nébuleuse, une tendance au rapprochement aussi incessante que l'est la déperdition électrique elle-même. Et comme les nébuleuses diffuses sont loin d'être toutes sphériques, il se forme souvent dans leur intérieur beaucoup de centres d'attraction. Le mouvement de rapprochement vers ces centres amène la période de combinaison dans laquelle la déperdition électrique continue, mais d'une manière bien plus active. J'expliquerai plus loin le phénomène de la combustion, c'est-à-dire de la combinaison à dégagement d'électricité lumineuse et calorifique: en attendant, je prends le fait tel qu'il se manifeste. Ce fait, c'est la nébuleuse qui se résout en une ou plusieurs étoiles, ou, ce qui est la même chose, en un ou plusieurs soleils, c'est-à-dire en un ou plusieurs globes dont l'intérieur est formé par les atomes qui entrent en combinaison, et dont l'extérieur est une atmosphère lumineuse due à l'électricité que ces atomes abandonnent en grande abondance en se combinant. Ainsi se produit la photosphère des astres idio-lumineux, photosphère dont la propriété électrique est certaine, ainsi que je l'ai dit plus haut en parlant de l'électricité solaire.

Les astronomes enseignent que le soleil se compose d'un corps obscur central, d'une atmosphère nuageuse réfléchissante et d'une photosphère. Cet ordre correspond à celui que j'indique, sauf que l'obscurité attribuée au corps central n'est peut-être qu'un effet de contraste. Quant à l'atmosphère nuageuse réfléchissante, il est probable qu'elle est un foyer de combinaisons augmentant incessamment le volume du corps central.

Le fluide électrique qui se dégage des astres idio-lumineux se porte à leur surface, parce que c'est le propre de l'électricité en excès de se porter à la surface des corps, ainsi qu'on le démontre en physique. Il se perd par rayonnement, en vertu de sa force expansive, plus vite que celui de nos appareils, parce qu'il s'échappe directement dans le vide sans être contrarié par un milieu atmosphérique. On ne peut pas objecter qu'il devrait disparaître instantanément, parce que 1° si grande que soit sa vitesse, elle a des limites comme tout ce qui appartient au monde physique ; 2° cette vitesse est peut-être réglée et modérée par ce que l'on est convenu d'appeler l'éther de l'espace ; 3° malgré l'énorme vitesse de la lumière, le foyer lumineux ne s'éteint pas, et il n'y a pas de raison pour que le foyer électrique s'éteigne plus tôt que le foyer lumineux. Au surplus, une photosphère persiste et répare ses pertes tant que les combinaisons continuent à se former à la surface de la masse pondérable de l'astre. Il en est de cela comme d'une pile voltaïque qui a en elle la cause efficiente du remplacement de l'électricité qu'on lui enlève ; et nous verrons que les atomes fonctionnent, en chimie, comme appareils voltaïques infiniment petits. Si les combinaisons sidérales fournissent plus de fluide que le rayonnement n'en enlève, la photosphère augmente ; si elles en fournissent autant, la photosphère conserve la même intensité. Elle diminue et finit par s'éteindre si les combinaisons en fournissent moins. Ce dernier cas est celui d'un astre passé à l'état de planète, c'est-à-dire dont la surface s'est encroûtée par fixation d'atomes dans des combinaisons solides. On conçoit qu'il faille bien des siècles pour un tel travail, en raison de l'immensité des masses qui le subissent.

Il y a des nébuleuses globulaires multiples, qui, suivant les appréciations des astronomes, contiennent plusieurs milliers d'étoiles. « Les conditions dynamiques propres à assurer la conservation indé- » finie d'une semblable fourmilière d'étoiles, dit M. Arago (même » notice, page 423), ne semblent pas faciles à imaginer. Suppose-t-on » le système en repos? les étoiles à la longue tomberont les unes sur

» les autres. Lui donne-t-on un mouvement de rotation autour d'un » seul axe? des chocs deviendront inévitables. Au surplus, est-il » prouvé *à priori* que les systèmes globulaires d'étoiles doivent se » conserver indéfiniment dans l'état où nous les voyons aujour- » d'hui ? »

Qu'il y ait repos ou mouvement, les étoiles d'une même nébuleuse ne doivent ni tomber les unes sur les autres, ni s'entrechoquer; elles se maintiennent toujours à distance par la répulsion électrique de leurs photosphères, ainsi que je vais le dire dans le paragraphe suivant. Il est même probable que ces photosphères augmentent tant que la matière nébuleuse n'est pas épuisée, et qu'alors la force répulsive, qui augmente aussi, éloigne de plus en plus les étoiles du même système et les rend de plus en plus indépendantes les unes des autres. Parmi les diverses formes de nébuleuses résolubles, il y en a qui semblent indiquer la tendance de leurs étoiles à s'éloigner et à devenir ainsi indépendantes.

II. Astres solaires ou idio-lumineux.

Je nomme ainsi le soleil et les étoiles qui ont tous une lumière propre, certaines données astronomiques portant même à considérer le soleil comme n'étant pas une étoile de première grandeur.

Ces astres sont tous doués d'activité électrique par excès d'électricité, et nous verrons plus loin que les planètes, les satellites et les comètes le sont encore eux-mêmes à un certain degré.

La loi de la gravitation n'a eu pour base que des expériences faites sur des corps privés d'activité électrique et n'ayant d'action que par leurs masses, sauf la terre dont nous apprécierons plus loin l'état mixte auquel on n'a pas fait attention. Aussi, avec de tels éléments, ne pouvait-on arriver qu'à cette formule : *Que les corps s'attirent en raison directe des masses et en raison inverse du carré des distances.*

Lorsqu'on a voulu appliquer cette loi aux astres, on a échoué. Ainsi, pour les planètes et les autres globes qui circulent autour d'un astre central, comme les faits ne s'accordent plus avec la loi de la gravitation, puisqu'il n'y a pas chute d'un globe sur l'autre, on a été réduit à imaginer l'hypothèse de l'impulsion latérale primitive avec direction en dehors du centre de gravité, et j'ai fait voir qu'elle n'avait rien de sérieux. Pour ceux des astres idio-lumineux qui ne tournent pas les uns autour des autres, comme on ne pouvait plus recourir à la même hypothèse, on n'a donné aucune raison ; de sorte qu'on se demande encore maintenant pourquoi le soleil ne tombe pas sur Sirius, par exemple, ou Sirius sur lui ; pourquoi toutes les étoiles principales gardent leurs distances, pourquoi l'économie des constellations ne varie pas, pourquoi enfin tant de globes, qui doivent graviter comme les autres, ne gravitent pas ou plutôt sont comme s'ils ne gravitaient pas.

Il est cependant facile de sortir de cette confusion. Ainsi, dans la balance de Coulomb, où l'on n'expérimente que des matières pondérables, il y a attraction. Dans la balance électrique, où l'électricité est en jeu, il y a répulsion. Dans l'électroscope à balles, il y a même une répulsion plus forte que la pesanteur ou gravitation des balles, puisqu'elle la surmonte. Donc les corps qui n'ont pas d'activité électrique s'attirent par leurs masses ; et ceux qui sont doués d'une même activité électrique s'attirent par leurs masses et se repoussent en même temps par leur électricité.

L'attraction est en raison directe des masses. La répulsion est en raison directe des quantités d'électricité. Toutes deux sont en raison inverse du carré des distances.

Dans les astres solaires, où l'exubérance de l'électricité est tellement grande qu'elle se manifeste par une photosphère, la répulsion électrique produit trois effets distincts : l'éloignement ou la distance, la translation et la rotation.

a. *Distances.* — L'astronomie nous apprend qu'il y a des distances immenses entre les étoiles ainsi qu'entre le soleil et l'étoile la plus rapprochée. Ces distances donnent la mesure de la sphère de diffusion ou d'activité électrique des astres solaires, et prouvent que la répulsion de leurs photosphères est plus forte que l'attraction de leurs masses. Ceci est facile à comprendre. L'électricité d'une photosphère, étant un excès qui devient libre, tend, comme je l'ai dit, à se répandre uniformément partout pour y établir un équilibre électrique. Chaque astre solaire envoie donc aux autres une partie de son fluide, en même temps qu'il en reçoit une portion du leur, par une sorte de pénétration réciproque de leurs effluves électriques. Mais ce que chacun reçoit des autres s'ajoute à son propre excès, en retarde l'émission et devient ainsi une cause de répulsion, absolument comme dans nos appareils mobiles, où nous voyons les corps se repousser d'autant plus par influence réciproque que nous les chargeons d'une plus grande quantité d'électricité. Il suit de là que les astres qui se repoussent mutuellement s'éloignent les uns des autres jusqu'aux points de l'espace où l'électricité que chacun reçoit n'est plus assez considérable pour pousser plus loin sa masse. Telle est la cause qui détermine, dans l'immensité des cieux, la place des astres qu'on appelait autrefois *fixes*.

b. *Rotation.* — Lorsque deux astres solaires ont pris respectivement cette dernière position, l'électricité que chacun reçoit de l'autre, quoique ne suffisant plus pour l'en éloigner davantage, amoindrit toujours la déperdition de son excès électrique dans la partie de sa surface qui regarde l'autre. Il en résulte que chacun conserve plus d'électricité d'un côté que de l'autre. Le côté qui en conserve le plus est repoussé, et comme la répulsion n'a plus assez de force pour déplacer la masse entière, elle lui fait faire un demi-tour. Bientôt l'autre côté éprouve le sort du premier, devenant lui-même plus gêné dans son émission, et le mouvement de demi-tour continue. Ainsi s'opère la rotation, qui n'est que l'effet de la répulsion électrique considérée à cette distance où elle est trop faible pour transporter plus loin la masse totale de l'astre qui la subit. Ce phénomène est beaucoup plus facile à apprécier dans les planètes, qui n'obéissent qu'à un astre central, que dans les astres solaires, qui sont soumis à l'influence simultanée de plusieurs autres. Cependant, on sait que le soleil tourne sur lui-même avec un pôle de rotation qui ne s'écarte que de 7° 21' du pôle de l'écliptique. Ce ne peut-être que l'effet de la résultante des actions électriques des étoiles dites de première grandeur dont il subit plus particulièrement l'influence, telles que Aldébaran, Régulus, l'Epi, Antarès, et sans doute aussi, Castor, Procyon et à d'Orion, qui sont dans l'écliptique ou à peu de distance de ce cercle, et n'en occupent ensemble qu'une moitié, l'autre moitié étant dépourvue d'étoiles de même grandeur. L'axe de rotation est en rapport avec la position des étoiles qui seraient la cause du mouvement gyratoire, ce qui est très remarquable.

c. *Translation.* — Les astronomes ont constaté qu'il y a des astres solaires dont l'intensité va en augmentant, qu'il y en a d'autres où elle diminue, et qu'il y en a aussi dont la lumière s'est éteinte. La conséquence de ces variations est que tout astre dont la photosphère augmente acquiert une plus grande force répulsive, et réciproquement.

Herschel a prouvé que le soleil se déplace et marche, avec tout son système, vers λ de la constellation d'Hercule, ou, pour mieux dire, vers un point situé, en 1783, par 257° asc. dr. et 25° décl. bor. En 1800, ce point, déduit de la discussion de 390 mouvements propres d'étoiles, fut placé par M. Argelander par 260° 50' 8 asc. dr. et 31° 17' 3 décl. (Arago, même notice de 1842, p. 395). J'ignore si cette dernière indication est définitive, ou si elle devra subir elle-même quelques corrections. Quoi qu'il en soit, ni dans la direction signalée ni dans le voisinage, on n'aperçoit aucun astre remarquable qui puisse attirer le soleil. Si c'était un astre sans lumière propre, il ne resterait pas sans être subordonné, comme planète, à un autre que l'on verrait. C'est qu'au lieu d'une attraction, il ne peut y avoir qu'un effet de répulsion, et la répulsion doit partir d'un point du ciel opposé à la constellation d'Hercule. Or, à l'opposé de cette constellation, nous trouvons Sirius, la plus belle, et, sans doute, la moins éloignée de toutes les étoiles, Canopus, la plus remarquable après Sirius, puis Rigel, qui est d'ailleurs de première grandeur. La ligne suivie par le soleil pourrait bien être la résultante de l'action combinée de ces trois étoiles, car son prolongement à l'opposé du mouvement tombe dans le triangle formé par elles. Peut être même la translation du soleil est-elle due à l'action répulsive de Sirius seul, avec une direction un peu déviée par l'action contraire, mais moins forte, de l'étoile Wéga. Tout bien examiné, tout bien pesé, a dit M. Arago (même notice), il semble que Sirius était jadis rougeâtre, et qu'en moins de 2000 ans il a passé de cette teinte au blanc le moins équivoque. Voilà une preuve d'augmentation d'intensité, et, par suite, d'augmentation de la force répulsive de sa photosphère. Ces coïncidences me semblent dignes de toute l'attention des astronomes.

Avant de quitter ce sujet, ce serait le cas de dire ici comment on peut se rendre compte de la formation d'une photosphère. Mais j'en parlerai dans la seconde partie en m'occupant du rôle de l'électricité dans la combustion.

III. Étoiles doubles.

Les teintes rouges, bleues, vertes de certaines étoiles, sont une preuve de la faiblesse ou de la décroissance de leurs photosphères ; car, dans les laboratoires, on obtient des flammes de différentes teintes, suivant le degré de température que donne la combustion des substances mises en expérience. L'électricité de la foudre et celle des machines électriques prennent aussi des teintes blanches, rouges, bleues, violettes qui indiquent des différences d'intensité. D'après ces notions, on ne peut pas ne pas voir un indice de décroissance dans la teinte bleue ou verte de la petite étoile d'un groupe binaire.

Il n'est pas étonnant qu'un astre non encore éteint, mais dont l'électricité est amoindrie, se rapproche d'un autre encore doué de la force répulsive; car, l'attraction rapprochant les masses à mesure que leurs sphères d'activité électrique diminuent, un astre qui s'affaiblit tend nécessairement de plus en plus à se subordonner à celui de tous les autres qui exerce sur lui la répulsion la moins forte.

Quant au mouvement de la petite étoile autour d'une plus grande, il prouve qu'un astre dont la photosphère est faible ou très affaiblie n'a pas besoin d'être tout à fait éteint pour commencer à tourner dans une orbite autour d'un autre. Une fois que son axe de rotation est fixé, il suffit que l'intensité de la photosphère diffère un peu d'un pôle à l'autre par quelque différence dans la marche des combinaisons à la surface de la masse, pour qu'il se produise un effet analogue à celui que j'indiquerai en expliquant le mouvement de translation de la Terre et des autres planètes. Il est même vraisemblable que c'est cette différence qui détermine la position des pôles.

IV. Terre et autres planètes.

Nous avons vu d'abord que, par l'effet de leur répulsion électrique, les principaux astres solaires se tenaient très éloignés les uns des autres dans l'espace, et étaient ainsi dans une mutuelle dépendance, de laquelle résultait pour eux un état d'équilibre qui ne pouvait varier qu'autant que leur électricité variait elle-même. Nous avons vu ensuite des signes de dépendance moins générale dans les mouvements de rotation et de translation du soleil. Puis nous avons trouvé, dans les étoiles doubles, la preuve qu'un astre solaire, en s'affaiblissant, devenait dépendant d'un seul autre. Nous passons maintenant aux astres éteints, chez lesquels nous trouvons cette subordination à un seul encore bien plus prononcée.

Il est possible que le soleil et tout son cortége de planètes aient originairement fait partie d'une même nébuleuse résoluble, dont la lumière zodiacale, qui entoure l'équateur du soleil jusqu'au delà de l'orbite de Vénus, ne serait que le résidu. Mais je n'insiste pas sur cette conjecture, parce que des globes étrangers l'un à l'autre par leur origine, peuvent très bien se subordonner à un même astre central à mesure qu'ils s'éteignent et qu'ils passent à l'état planétaire. J'arrive alors à l'examen de l'action du soleil sur la Terre.

a. *Distance*. — Après l'extinction de la photosphère terrestre, qui a dû arriver lors de la consolidation de l'écorce pyrogène de notre globe et avant le commencement de ses premiers dépôts sédimentaires, la répulsion électrique de la Terre a été, non pas tout à fait anéantie, mais considérablement diminuée, ainsi que je le dirai en parlant des satellites. Celle du soleil est restée la même ou à peu près la même. N'y ayant plus alors de répulsion, pour ainsi dire, que d'un côté, c'est-à-dire de la part du soleil, l'attraction des masses a amené le rapprochement des deux astres jusqu'au point où la répulsion électrique du soleil conservait assez de force pour contre-balancer leur mutuelle attraction. Tel est le double effet par suite duquel la Terre se maintient à une distance déterminée du soleil et ne tombe pas sur lui.

b. *Rotation.* — Les jours d'été nous apprennent que la Terre ne réfléchit pas tout le calorique et toute l'électricité qu'elle reçoit du soleil, et que même les nuits ne suffisent pas pour les lui enlever entièrement. Donc, il y a accumulation de fluide électrique à la surface de notre globe et dans son enveloppe atmosphérique, lorsque le soleil reste longtemps au-dessus de l'horizon. La conductibilité de l'air et du sol est trop imparfaite pour empêcher cet effet. Supposons maintenant que la Terre reste immobile, et cherchons ce qui devra en résulter. L'électricité solaire s'accumulera sans cesse sur un seul hémisphère, et bientôt elle y constituera un excès tel, qu'il y aura répulsion. Cette répulsion devra produire l'éloignement de la masse entière du globe terrestre ou un simple renversement. Ce ne sera pas l'éloignement, parce que l'attraction des masses s'y opposera; mais ce sera un renversement, parce qu'il exige une moindre force et qu'il ne dérange pas l'attraction des masses. En un mot, l'hémisphère électrisé sera repoussé à l'opposé du soleil, et l'hémisphère non électrisé se présentera en face de l'astre. Mais ce second hémisphère s'électrisera lui-même et sera repoussé à son tour, et le premier, qui aura perdu de l'électricité par le rayonnement dans l'espace, reviendra en regard du soleil, et ainsi de suite. Ce sera donc un renversement perpétuel, ce qui n'est autre chose que la rotation, cause du jour et de la nuit. L'électrisation que notre globe reçoit du soleil pendant vingt-quatre heures suffit pour lui faire faire un tour entier sur lui-même. Tel est le moyen naturel à l'aide duquel notre planète se décharge de l'excès de fluide qu'elle reçoit du soleil, sans détruire l'équilibre des deux forces d'attraction et de répulsion.

c. *Cause de la position et de la fixité des pôles.* — Les continents ne sont pas répartis également sur la surface de notre planète. Il y en a beaucoup plus dans l'hémisphère boréal que dans l'hémisphère austral. Or, la terre-ferme, dont le pouvoir réflecteur est moins grand, doit s'électriser plus vite que l'eau des mers, et, dans tous les cas, l'électricité doit plus s'accumuler à la surface de la partie solide qu'à celle de la partie liquide. Si la Terre avait pour axe un des diamètres de l'équateur, en tournant sur elle-même, elle présenterait successivement au soleil un hémisphère en grande partie émergé, puis un hémisphère en grande partie couvert d'eau. Il en résulterait chaque jour alternativement une accélération, puis un ralentissement de la vitesse de rotation, ce qui serait une entrave au mouvement gyratoire, surtout lorsqu'il s'exécute rapidement, comme cela arrive pour notre globe. Pour que la rotation se régularisât et eût une marche uniforme, il a donc fallu que la terre prît la position qui se prêtait le mieux à l'uniformité du mouvement. C'est ce qui est arrivé. En effet, la partie qui concourt le plus à la rotation est la zone torride, à cause de l'insolation forte et continue qu'elle subit. En examinant un globe terrestre ou un planisphère, on voit que, dans cette région, les terres sont distribuées en surfaces à peu près équivalentes de chaque côté de l'équateur; qu'il en est de même des mers; et qu'en outre il y a alternance des unes et des autres, de telle sorte que leur répartition y est moins inégale que dans toute autre partie de la terre. Il résulte de là que la position des pôles de notre planète est, non pas l'effet du hasard, mais la conséquence de la disposition des continents et des océans et de l'action de l'électricité solaire sur leurs surfaces. Il en résulte aussi qu'aux différentes époques géologiques, l'axe terrestre a dû varier suivant la place, l'étendue et la configuration des terres émergées.

d. *Translation.* — L'action du soleil ne s'exerce pas uniquement sur la zone intertropicale. Elle atteint aussi les deux segments sphériques qui sont au delà des tropiques. Or, le segment boréal ayant plus de continents que de mers, et le contraire ayant lieu pour le segment austral, un des deux hémisphères s'électrise plus que l'autre dans le même temps donné, et ainsi la répulsion devient plus forte sur l'un que sur l'autre. Cette répulsion inégale tend à éloigner du soleil un des pôles, et, par suite, à en rapprocher l'autre. Mais l'hémisphère incliné vers le soleil, et ayant ainsi l'été, a bientôt reçu assez d'électricité solaire pour être repoussé, ce qui incline vers l'astre l'autre hémisphère qui a subi l'hiver. Après un certain temps d'insolation, c'est le tour de celui-ci d'être repoussé, et ainsi de suite alternativement. De là, un second mouvement différent de la rotation. Ce mouvement ne peut pas aller jusqu'à placer successivement chaque pôle précisément en face du soleil, d'abord parce que les régions extra-tropicales ne sont pas assez privées de l'influence de cet astre pour qu'il en soit ainsi, et ensuite parce que la zone torride serait soustraite à cette action, ou ne la subirait plus que très faiblement et dans une portion annulaire de sa surface ; ce qui ferait que la rotation cesserait comme n'ayant plus de cause, ou plutôt que l'axe de rotation changerait sans cesse malgré la cause qui est indiquée comme en déterminant la fixité, et que le mouvement gyratoire serait toujours entravé. Par les mêmes raisons, la terre ne se balance pas en restant à la même place, parce que ce balancement serait empêché par la rotation, qui est très précipitée, et la contrarierait elle-même. Dès lors, il n'y a plus qu'un moyen terme, c'est le mouvement de translation dans une orbite, mouvement qui donne le *maximum* d'effet avec le *minimum* de force. Par la translation, l'axe reste toujours parallèle à lui-même, la rotation ne subit dès lors aucune entrave, les régions extratropicales reçoivent abondamment tour à tour l'électricité solaire, et le globe entier ne cesse pas de conserver la distance à laquelle le fixent les actions combinées de l'attraction des masses et de la répulsion électrique.

La rotation et la translation sont communes à la terre et aux autres planètes, parce que les mêmes causes produisent les mêmes effets.

e. *Cause de la forme elliptique de l'orbite.* — Elle se trouve indiquée dans les deux paragraphes précédents. Pendant l'été boréal, l'insolation s'exerce sur un hémisphère en grande partie continental; tandis que, durant l'été austral, elle s'exerce sur un hémisphère en grande partie océanique. L'action électrique étant plus forte sur les continents que sur les mers, la répulsion estivale est plus grande sur l'hémisphère découvert que sur l'hémisphère inondé. Cette variation de la force répulsive détermine l'excentricité de l'orbite, qui fait que la terre est plus éloignée du soleil pendant l'été boréal que pendant l'été austral.

f. *Magnétisme terrestre.* — Dans la théorie actuelle de l'électro-magnétisme, on considère notre globe comme sillonné par des courants électriques intérieurs, parallèles à son équateur magnétique, et dont les actions seraient, dans leur ensemble, comme celle d'un seul courant hypothétique qu'on nomme *courant moyen de la terre.* On démontre bien que ce courant moyen est dirigé de l'est à l'ouest ; mais on n'en explique pas la cause, parce qu'on en détermine mal le siége.

La terre a deux parties distinctes : sa masse incandescente et non solidifiée, et son écorce solide. Si la masse non solidifiée était parcourue par des courants électriques, on ne comprendrait pas pourquoi ils ne se dirigeraient que dans un seul sens. Si ces courants avaient lieu au contact du noyau avec l'écorce, pourquoi encore une direction unique, tandis que les phénomènes électro-chimiques ou thermo-électriques, et ceux d'où dérive le métamorphisme des roches doivent s'accomplir sans direction marquée dans toute la périphérie inférieure à la croûte solide? Enfin, si les courants avaient leur siége dans la partie solide de l'écorce, comment donc encore auraient-ils une seule direction dans une masse aussi hétérogène et y circuleraient-ils si librement?

Aucune de ces hypothèses ne peut satisfaire la raison, tandis qu'avec l'électricité solaire, tout s'explique aisément. J'ai dit que cette électricité n'atteignait à la fois qu'une moitié de la surface du globe et de son atmosphère. Son action est forte au centre de cette moitié, tandis qu'elle devient plus faible à mesure qu'on approche des bords, ainsi qu'on en juge en comparant l'état de la zone intertropicale à celui des régions circumpolaires. La terre faisant, en vingt-quatre heures, un tour entier autour de son axe, c'est pour la distribution de l'électricité solaire exactement comme si, ce globe étant immobile, le soleil en faisait le tour en vingt-quatre heures; ou, en d'autres termes, comme si le point de plus grande intensité électrique parcourait la zone torride avec une vitesse de 28 kilomètres environ par minute, son centre décrivant une hélice d'un tropique à l'autre pendant six mois et une hélice inverse pendant les six mois suivants. Ce point de plus grande intensité marche sans cesse entre les tropiques, parce que le soleil ne quitte pas la zone intertropicale. Il va de l'est à l'ouest, parce que, par rapport à la terre, c'est le sens de la marche du soleil. Il a une grande largeur, parce que le soleil exerce une action très forte sur une large zone terrestre. Il a de la hauteur parce que, dans toute cette zone, il augmente considérablement l'électrosphère de chaque atome ou de chaque molécule de l'air, l'atmosphère y subissant les effets de l'insolation beaucoup plus que partout ailleurs. Il détermine un courant d'une grande longueur, puisque non seulement le soleil agit à chaque instant sur une étendue d'environ 180 degrés de l'équateur, mais encore, en raison de la révolution diurne de la terre, il laisse toujours à l'est, dans les pays chauds, une région sur-électrisée pour électriser sans cesse les contrées de l'ouest. L'ensemble de ce phénomène nous représente un courant électrique formant une sorte d'anneau large, tournant de l'est à l'ouest autour de la région moyenne du globe avec la vitesse indiquée plus haut de 28 kilomètres environ par minute, et ayant, pour chaque lieu de cette région, son maximum d'intensité dans la période de midi à trois heures et son minimum à la fin de la nuit suivante, c'est à-dire au moment qui précède le retour du soleil (1). La résultante de ce courant est une ligne sur laquelle l'aiguille aimantée n'a pas d'inclinaison.

La direction de cette ligne sans inclinaison, que je trouve tracée, pour l'année 1830, sur l'essai d'une carte géologique de la terre, par M. Boué, confirme ce que j'ai dit des continents. On va voir, en effet, que ceux-ci s'électrisent plus que les mers, puisqu'ils concourent davantage à déterminer sa position. Suivons-la de l'est à l'ouest, en commençant par l'Océanie. A partir des environs de l'île Jarrès, ou mieux du 165e degré de longitude occidentale du méridien de Paris, cette ligne se maintient sur l'équateur jusqu'auprès des îles Gilbert. De là elle se porte au nord, subissant l'influence de l'Asie méridionale tempérée cependant par la partie tropicale de l'Australie, par les grandes îles voisines et par celles non moins grandes de la Malaisie ; de sorte que, depuis les îles Gilbert jusqu'à la côte occidentale de Bornéo, elle suit une direction moyenne entre les terres opposées. Depuis Bornéo jusqu'à la pointe N.-O de Sumatra, elle a plus de terres intertropicales au nord qu'au sud ; aussi va-t-elle encore plus vers le nord. Lorsqu'elle n'en a plus que de ce côté, elle s'y porte encore davantage à cause de l'Hindoustan et de

(1) D'après ce qui vient d'être dit, les points horaires de plus grande dilatation de l'air par l'action solaire, et de plus grande condensation par l'effet de la disparition de l'astre font le tour du globe en vingt-quatre heures, en allant toujours à l'ouest. Le point mobile de plus grande condensation, qui précède le lever du soleil, n'est guère au delà de 90 degrés à l'ouest du premier, tandis qu'il en est presque à 270 degrés à l'est. Il n'est donc pas étonnant que l'air qui se dilate se dirige vers le point de plus grande condensation par le trajet le plus court, c'est-à-dire par l'ouest. N'est-ce pas là, sinon la cause unique, au moins la cause première des vents alizés qui soufflent régulièrement de l'est à l'ouest, sous l'équateur jusqu'au 30e parallèle? Et n'est-ce pas la même cause qui produit, dans les Océans, le grand courant marin équatorial, moins régulier toutefois à cause des obstacles qui résultent de l'interposition des continents? Mais tout ceci exigerait des développements théoriques, en raison des différences de dilatation et de condensation, tant dans les régions latérales qu'en ligne verticale, et de l'effet des contre-courants.

l'Arabie. Elle s'engage ensuite dans le continent africain, qui est traversé par l'équateur et qui s'étend de part et d'autre au delà des tropiques : et ce continent, qu'elle coupe en deux parties équivalentes, lui donne une obliquité inverse et la ramène à l'équateur, dans le golfe de Guinée. De là, elle se dirige vers l'Amérique méridionale ; et celle-ci, qui est presque tout entière au sud de la ligne équatoriale, la rejette à plus de 15 degrés au sud de cette dernière ligne. Du milieu de l'Amérique du sud, elle remonte vers l'équateur jusqu'au point situé peu au delà des îles Gallapagos, se mettant ainsi parfaitement en rapport avec la disposition des terres qu'elle traverse. Enfin, au delà des îles Gallapagos, où elle ne trouve plus que le grand Océan et où elle ne subit plus l'action d'aucun continent, elle court parallèlement à l'équateur, dont elle ne s'écarte plus que de 2 à 3 degrés au sud, jusqu'à l'île Jarrès, influencée qu'elle semblerait être encore un peu dans cette marche par le voisinage des îles de la Polynésie. Cette ligne est loin de former un cercle régulier; aussi n'est-il pas étonnant qu'on ne puisse en trouver exactement les pôles à l'aide de l'aiguille d'inclinaison. Elle n'est autre chose qu'une ligne sinueuse indiquant la série des points de plus grande tension électrique. Et comme la rotation du globe ne peut pas s'opérer suivant ses sinuosités, sans donner lieu à un balancement inconciliable avec la vitesse du mouvement gyratoire, il en résulte que la terre décrit, en tournant, le cercle de l'équateur géographique qui n'est que la moyenne des diverses inflexions de cette ligne sans inclinaison improprement nommée équateur magnétique.

M. de Humboldt a remarqué que l'aiguille de sa boussole, qui faisait à Paris 245 oscillations en dix minutes, n'en faisait plus que 211 au Pérou, tandis qu'au Mexique elle en donnait autant qu'à Paris. Ceci n'a rien de surprenant. Au Pérou, la boussole est plongée dans le courant et reçoit un peu son action de toutes parts, tandis qu'à Paris comme au Mexique, l'action est plus forte comme étant tout entière d'un seul côté.

Le courant électrique terrestre, dû à l'action solaire et tel qu'il vient d'être défini, agit sur les aimants mobiles comme les courants électriques de nos appareils, c'est-à-dire qu'il les dirige. Il résulte des expériences de physique que tout courant électrique tend à tourner l'aiguille en croix avec lui, le pôle austral à gauche (1). D'après

(1) La gauche du courant se détermine en prenant la partie antérieure comme étant la tête, et le côté qui regarde l'aiguille comme étant la face. C'est

ce principe, un courant qui marche de l'est à l'ouest tourne au nord le pôle austral de l'aiguille aimantée lorsqu'il passe au-dessous d'elle, et tourne ce même pôle au sud lorsqu'il passe au dessus. C'est précisément ce qui arrive pour le courant moyen de la terre dû à l'électricité solaire. Pour bien comprendre ses effets, plaçons devant nous un globe géographique, son axe disposé horizontalement et ayant le pôle boréal du côté du nord. Le soleil est supposé au-dessus, et le courant électrique moyen embrasse alors la moitié d'un grand cercle de l'est à l'ouest, entre les tropiques. On marquera même, si l'on veut, l'équateur magnétique, qui n'est autre chose que la moyenne annuelle du courant. Les choses étant ainsi disposées, promenons une petite aiguille d'inclinaison du pôle nord au pôle sud en suivant le cercle méridien, car il n'y a pas d'inconvénient à confondre les pôles terrestres avec les pôles magnétiques, ceci n'étant que pour simplifier le raisonnement. Donnons successivement à l'aiguille, à mesure que nous la déplaçons, une position et une inclinaison identiques avec celles qu'elle prend en chaque lieu correspondant de la surface de la terre. Arrivé au pôle sud, si nous comparons toutes les positions qu'elle a prises, nous trouvons qu'elle a fait à peu près un tour entier sur son axe dans le sens du méridien. Il est facile de voir qu'en réalité elle ferait complétement ce tour, si notre planète était creuse, et qu'elle pût la traverser d'un pôle magnétique à l'autre pour revenir au point de départ. Faisons maintenant abstraction du globe géographique qui nous a servi à marquer le degré d'inclinaison de l'aiguille pour chaque point de la surface terrestre et à constater en même temps sa disposition relativement au courant. Représentons le courant sur un tableau par une ligne en demi-cerceau dirigée de l'est à l'ouest, et traçons autour de cette ligne toutes les positions prises par l'aiguille pendant qu'elle passait en dessus, à droite, en dessous et à gauche, pour revenir en dessus. Si nous avons pris soin de noter la disposition des pôles en chaque situation, nous reconnaîtrons tout de suite que, dans tout ce trajet, l'aiguille a été constamment en croix avec le courant, son pôle austral à gauche. Tel est l'effet que produit le courant terrestre sur l'aiguille d'inclinaison. Dans la région intertropicale, l'aimant, quoique plongé dans le courant, est réellement au-dessus, car il a au-dessous de lui, à cause de la convexité de la terre, les deux longues branches de cette espèce de croissant

ce qui fait que la gauche est au midi ou au nord, suivant que le courant passe au-dessus ou au-dessous de l'aiguille.

électrique qui descendent de l'est et à l'ouest dans une étendue de 180 degrés au moins. Dans les régions tempérées, l'aimant est à côté du courant. Aux pôles, il est à peu près comme s'il était en dessous, car il est sur l'axe du globe, c'est-à-dire sur le prolongement de la ligne qui passe en dessous.

Pour l'aiguille placée aux pôles magnétiques, le courant terrestre marche toujours dans le même sens. Au contraire, pour celle qui est sur l'équateur, ce courant, quoique passant toujours au-dessous d'elle, va de l'est à l'ouest pendant le jour, et en sens opposé pendant la nuit. Ces alternances ne changent pas la direction générale de l'aimant, parce que, durant la nuit, le globe entier interpose toute sa masse entre l'aimant et le courant moyen. L'aimant ne reste pas pour cela sans direction, parce que l'effet de l'électricité solaire n'est qu'atténué et ne s'efface jamais entièrement à l'équateur magnétique après le coucher du soleil. D'ailleurs, la partie la plus agissante du courant n'a pas plutôt disparu à l'ouest de l'hémisphère où est l'aimant, qu'elle reparaît à l'est.

Quelques mots maintenant sur la variation diurne. Nulle sur la ligne nommée équateur magnétique, elle se produit assez généralement dans un ordre inverse, aux mêmes heures, de chaque côté de cet équateur, l'extrémité nord (pôle austral) de l'aiguille se portant vers l'ouest dans l'hémisphère boréal et vers l'est dans l'hémisphère austral. Cette variation accuse une tendance de l'aimant à se mettre plus exactement en croix avec la portion la plus intense du courant, portion qui nous arrive par l'est, l'hémisphère oriental étant toujours électrisé le premier, et qui n'a jamais, par cette raison, son point milieu coïncidant exactement avec celui de midi. La variation diurne est plus considérable chez nous lorsque le soleil va de l'équateur vers le tropique du Cancer, que lorsqu'il rétrograde vers l'autre tropique. Cet effet annuel est une preuve de plus que le magnétisme terrestre est dû à l'électricité solaire, l'aiguille subissant plus fortement l'influence du courant moyen quand il est plus rapproché que quand il est plus éloigné. On s'en rend compte non seulement par la distance, mais encore par les différences angulaires de la mesure du trajet, et par l'effet de la convexité du globe terrestre.

A l'égard de la ligne sur laquelle il n'y a pas de variations, et qui est due à ce que l'aiguille, placée au milieu même du courant, n'est pas plus sollicitée d'un côté que de l'autre, « il paraît, d'après quelques observations du capitaine Duperrey, dit M. Pouillet (tome Ier, » page 444), que la position du soleil au nord et au midi de l'équa-

» teur terrestre pourrait avoir quelque influence pour faire osciller, » de part et d'autre de l'équateur magnétique, les points qui sont » sans variation. »

La déclinaison n'est ni égale ni dans le même sens partout. Il y a même des lieux qui sont sans déclinaison. Ceci est facile à comprendre : tel point du globe qui n'aurait pas de déclinaison s'il était au milieu d'une grande surface océanique, peut en avoir une à cause du voisinage de continents ou de grandes terres situées de tel ou tel côté de son méridien, et réciproquement. Cela tient à la différence d'action de l'électricité solaire sur les mers et sur les terres émergées, ce qui a été expliqué plus haut.

Quant aux variations séculaires de la déclinaison, il faudrait, pour en assigner la cause avec quelque certitude, avoir beaucoup plus d'observations que l'on n'en possède, et surtout des observations faites avec ensemble et persévérance, sur les variations de l'aiguille aux différents points du globe, sur celles de la ligne sans inclinaison, sur celles des climats, sur la marche des grands courants aériens, tant inférieurs que supérieurs, et sur les changements de niveau que certaines contrées subissent à la longue ; toutes choses qui resteront longtemps sans être bien élucidées, en raison des difficultés du sujet. Toutes les fois qu'un phénomène de magnétisme terrestre cessera d'être général sans devenir entièrement local, ses causes seront toujours difficiles à constater exactement.

g. *Orages et aurores boréales.* — Je ne veux signaler ici que la cause de ces phénomènes électriques, les détails ne devant trouver place que dans les traités de physique et de météorologie.

L'atmosphère se divise en deux parties : l'inférieure, ou région hygrométrique, au delà de laquelle la vapeur d'eau ne s'élève pas, et dans laquelle elle se condense toujours, et la supérieure, ou région sèche, dans laquelle cette vapeur ne pénètre pas (1). C'est dans la première que se produisent les orages, et dans la seconde qu'ont lieu les aurores boréales.

1° *Orages.* — En été, dans les pays chauds et tempérés, la surface de la terre reçoit abondamment l'électricité solaire. Cette électricité, interceptée par la surface terrestre, s'accumule beaucoup plus sur le

(1) Il n'y a rien de commun entre cet effet naturel et l'effet factice du vide fait au-dessus de l'eau dans la cloche de la machine pneumatique. Les conditions dans lesquelles ils se produisent ne sont pas les mêmes, ainsi que je le démontrerais au besoin.

sol et dans les couches basses que dans les couches élevées de l'atmosphère. Il y a un excès de fluide. Tout excès d'électricité a une tendance bien connue à la diffusion et à une répartition égale partout. En vertu de cette tendance, il pénètre les corps pour établir de toutes parts un équilibre électrique, autant, du moins, que le permet la capacité spéciale de chaque corps pour l'électricité. Cela arrive surtout pour les corps qui, comme l'air et l'eau, ont leurs atomes ou leurs molécules libres ou mobiles. S'il n'y avait qu'une simple distension ou un simple écartement, les pesanteurs relatives ne changeraient pas, et, par conséquent, les particules d'eau, plus pesantes que les particules d'air dans les circonstances ordinaires, resteraient toujours plus pesantes, quoique plus éloignées les unes des autres, et ne s'élèveraient jamais dans l'atmosphère. Mais, en raison de l'affinité qui existe, dans une certaine mesure, entre le fluide électrique et la matière pondérable, il y a augmentation de l'électrosphère de chaque atome et de chaque molécule qui se trouvent au milieu de l'excès électrique. Cette augmentation des électrosphères s'effectue plus vite pour l'eau que pour l'air, ce qui dépend de leurs capacités ou affinités respectives pour l'électricité, et ce qui différencie leur conductibilité; et alors il vient un instant où les molécules d'eau, plus *ballonnées* par le fluide, et devenues ainsi plus légères que celles de l'air, s'élèvent dans l'atmosphère à l'état de vapeur dite élastique. Arrivées à une hauteur où l'air raréfié ne pèse pas plus qu'elles et a une tension électrique moindre que la leur, leurs électrosphères diminuent par rayonnement, puisqu'il n'y a plus équilibre entre leur état électrique et celui de l'air ambiant. Les molécules aqueuses se rapprochent par leur mutuelle attraction et se condensent sous cette autre forme de vapeur qu'on nomme vésiculaire, et qui constitue les nuages. Plus l'attraction agit sur leurs parties pondérables, et plus s'accélère le dégagement de leur excès d'électricité. Mais l'air, peu conducteur partout où il reste sec, n'absorbe pas cet excès aussi vite qu'il se dégage ; la différence reste sur chaque nuage et tend, comme dans les conducteurs des machines électriques, à se porter à la surface de la masse nuageuse dans la mesure de sa conductibilité. C'est ce qui fait qu'il y a des nuages lumineux, même sans qu'il se produise d'orages. Si, après ces considérations, nous tenons compte des différences de température suivant les hauteurs auxquelles s'échelonnent les vapeurs condensées, des inégalités de grandeur, d'épaisseur, de forme et de contours des nuages, des différences de densité, des effets divers d'ombre, d'insolation et de réflexion entre des masses à formes moutonnées, très irrégulières, et passant les unes au-dessus des autres, etc., nous aurons facilement une idée des perturbations d'équilibre électrique qui causent les orages. Quelquefois il tonne par un temps froid et couvert. La cause en est due au contraste qui résulte de ce que la couche de nuages a entre elle et la terre un air privé de soleil et refroidi par les vents, tandis qu'elle subit en dessus une forte insolation qui l'électrise. Du reste, en général, toute vapeur entraîne de l'électricité dans l'atmosphère, mais pas toujours assez, à beaucoup près, pour qu'il en résulte des orages, lorsque l'action solaire ne s'y joint pas d'une manière forte et continue.

On objectera peut-être que je parle d'électricité augmentant les électrosphères atomiques ou moléculaires, tandis que je devrais simplement parler de calorique isolant les particules d'eau Je répondrai : 1° Qu'il n'est pas impossible de concevoir une théorie qui identifie le calorique, la lumière et l'électricité ; 2° et que, même en maintenant la distinction de trois fluides impondérables, si le calorique intervient dans le phénomène dont je m'occupe, l'électricité y intervient aussi, puisque le résultat est la foudre, qui est tout à la fois calorique, lumière et électricité. Comment ne pas juger des causes par les résultats?

2° *Aurores boréales.* — Il s'agit ici de l'électricité de la région sèche de l'atmosphère. Pour en assigner l'origine, il n'y a que ces deux hypothèses possibles : elle provient de la terre ou du soleil. Si c'est de la terre, ce ne peut être que de la partie incandescente de notre globe, qui la transmettrait, de proche en proche, à travers son écorce, jusqu'aux couches supérieures de l'air. Au surplus, qu'elle vienne du noyau ou seulement de l'écorce solide, elle fournirait toujours un argument en faveur de l'action électrique du soleil ; car que ne devrait pas produire, sous ce rapport, un astre idio-lumineux, si un globe éteint donnait encore des effluves électriques aussi fréquentes et aussi grandioses. Mais comment concevoir que les régions circumpolaires, avec leur linceul de glaces et de neiges, avec leur froid qui fait éclater les rochers, se prêtent, en hiver, à de tels effets? Et comment le fluide électrique s'accumulerait-il aux points élevés de l'atmosphère, sans causer de perturbations dans la région hygrométrique ?

Il est donc plus rationnel d'admettre que ce fluide émane du soleil; et voici comment on peut s'en rendre compte. Dans les cercles polaires, et à proximité de ces cercles, le soleil ne descend jamais beaucoup au-dessous de l'horizon, ce qui fait que la nuit n'y est qu'un long crépuscule. Toute la partie basse de l'atmosphère reste plus longtemps dans l'ombre que la partie haute. Même dans les longues nuits de l'hiver polaire, la partie la plus élevée reçoit toujours, dans une portion de son segment qui arrive en vue du soleil à chaque tour du globe, des rayons solaires très obliques, il est vrai, mais dont l'action est assez prolongée. Il en résulte que l'air y subit, dans le haut, une certaine électrisation dont il est privé dans le bas, ce qui est presque l'inverse de ce qui a lieu dans les régions chaudes et tempérées, où l'air s'électrise plus en bas qu'en haut. Après que l'insolation a cessé sur un point par l'effet de la rotation de la terre, les électrosphères des particules d'air qui ont un excès de fluide relativement à la région basse, s'amoindrissent par rayonnement, en raison de la tendance à l'équilibre, dont j'ai déjà parlé. Il y a condensation ; mais l'air reste toujours gazeux en se condensant, et ne se résout pas en liquide comme la vapeur d'eau. L'excès d'électricité ne trouvant pas de vapeur pour véhicule, comme dans les orages, devient totalement libre et s'étend en flammes, en rayons, en nappes ondoyantes, etc., vers les parties de l'air qui ont le moins de fluide électrique. Il se produit alors des effets infiniment variés, suivant les hauteurs et selon les différents degrés de condensation. On ne juge même pas bien des directions réelles, à cause des effets trompeurs d'une perspective que l'on ne peut avoir qu'en dessous, et que l'on n'apprécierait bien qu'autant qu'il serait donné de les voir par-dessus et encore à leur niveau même. Dans tous les cas, l'électricité accumulée en aurore boréale subit l'influence du grand courant moyen, auquel est dû le magnétisme terrestre ; car elle se dirige, dans son ensemble, vers un point zénithal, qui est sur le prolongement de l'aiguille d'inclinaison. C'est l'effet d'un courant électrique qui tend à en diriger un autre en croix avec lui. Il y a pétillement, bruissement ou silence, suivant l'élévation et la raréfaction de l'air.

Ce qui précède s'applique aux aurores australes comme aux aurores boréales, par les mêmes raisons.

Attribuerait-on le phénomène à des courants d'air chaud, marchant de l'équateur vers les pôles, dans les hautes régions de l'atmosphère, qu'il faudrait encore reconnaître que la cause serait l'électricité solaire. Il n'y aurait de différence qu'en ce que l'action solaire serait moins immédiate et moins locale.

N'est-ce pas aussi à des condensations plus promptes en haut qu'en bas, dans la région sèche de l'atmosphère, qu'il faut attribuer les fulgurations qui ont lieu dans nos climats après ces journées d'été dans lesquelles l'air a subi une forte insolation, sans que les vents favorisassent la condensation de beaucoup de vapeurs dans la région hygrométrique ?

Je suis d'autant plus convaincu que c'est une prompte condensation après l'action solaire qui occasionne les aurores boréales que, le 11 novembre 1852, entre sept et huit heures du soir, après une journée douce et sereine, j'ai remarqué une aurore suivie d'un abaissement de température assez subit pour faire grandement contraste avec la température que l'on avait eue pendant le jour.

V. Satellites.

Les astres les plus petits devant s'éteindre les premiers, une étoile qui s'éteint commence par devenir planète, soit immédiatement, soit après avoir subi l'état intermédiaire qu'on remarque dans les groupes binaires ou multiples; et elle finit par être un satellite, lorsque son soleil devient lui-même une planète. Mais pourquoi, depuis l'extinction de la photosphère des planètes, les satellites ne tombent-ils pas sur l'astre planétaire ? Pourquoi cela n'arrive-t-il pas surtout lorsque la planète et son satellite ou même deux planètes sont en conjonction par rapport au soleil ? Pourquoi, par exemple, la lune ne tombe-t-elle pas sur la terre, principalement pendant la pleine lune, et surtout dans la position qui produit une éclipse lunaire ? Pourquoi aussi la terre ne tombe-t-elle pas sur Vénus, notamment lorsque celle-ci passe entre la terre et le soleil ? C'est qu'ils n'agissent pas entièrement à la manière des corps pesants, privés de toute action électrique. En effet, s'ils n'ont plus de photosphères répulsives, s'ils s'attirent avec toute la puissance attractive des corps graves par leur écorce solide, ils se repoussent encore par la force électrique de leurs noyaux incandescents. Il y a toujours, même à travers la croûte solide, une action électrique par influence. Une charge électrique, un aimant, exercent bien ce genre d'influence à travers des corps très denses, épais et non conducteurs, dans nos simples expériences de cabinet. Pourquoi des globes immenses, doués à l'intérieur d'une chaleur et par conséquent d'une électricité dont le cratère des volcans ne nous donne qu'un bien faible exemple, seraient-ils privés de cette action, et ne l'exerceraient-ils pas, au contraire, dans la proportion de l'étendue de leur noyau incandescent, eux surtout dont l'écorce solide a encore bien peu d'épaisseur comparativement à leur diamètre total ?

La chaleur constante des caves, la vapeur des sources en hiver, l'accroissement de température des couches à mesure qu'on descend vers les plus profondes, ne nous avertissent-ils pas que, indépendamment des effets de réflexion, chaque globe éteint a encore une émission qui lui est propre et qui s'ajoute à l'insolation dans toutes les régions où celle-ci a quelque force? Si nos organes n'en sont pas affectés, c'est que nous ne sommes pas constitués pour cela. Un homme interposerait une partie de son corps entre un aimant et une aiguille aimantée, qu'il verrait l'aiguille se mouvoir et ne sentirait pas l'action magnétique. Isolé, et en communication avec le conducteur de la machine électrique, le corps humain cède de l'électricité ou en reçoit sans le sentir non plus. Pourquoi serions-nous plus sensibles à ces actions naturelles au milieu desquelles nous naissons, et qui comptent peut-être parmi ces mille conditions normales dont dépend notre existence ?

Ainsi, on doit tenir pour constant que les satellites et les planètes ne gravitent pas les uns vers les autres avec toute l'attraction de masses entièrement refroidies. Ils s'attirent toujours en raison directe de leurs masses, en même temps qu'ils se repoussent en raison de l'électricité qui leur reste. La terre est déjà environ 206,000 fois plus rapprochée du soleil que les étoiles les plus voisines, et la lune est à son tour 400 fois plus rapprochée de la terre que celle-ci du soleil. Ces différences nous donnent la mesure de la diminution des forces répulsives. A la longue, la terre et son satellite se rapprocheront encore à mesure que leur chaleur interne diminuera.

On ne peut pas comparer un satellite à un corps inerte lancé dans l'espace, et qui retombe sur la terre, attiré qu'il est principalement par l'enveloppe solide de ce globe, dont il est d'ailleurs très rapproché. La raison de différence est que le satellite a un noyau non solidifié, qui n'est pas dénué de toute action électrique.

Les marées, qui sont le résultat des attractions lunaire et solaire sur la partie mobile de la surface de la terre, prouvent que les globes se précipiteraient l'un vers l'autre s'ils n'étaient maintenus par la répulsion électrique de leurs parties incandescentes.

Entre la terre et son satellite, il n'y a plus d'émission électrique assez forte pour déterminer un mouvement de rotation. Aussi la lune nous présente-t-elle toujours le même hémisphère. Mais ce que la terre ne fait pas, le soleil le fait. Il agit sur la lune comme sur la terre, c'est-à-dire qu'il la fait tourner sur elle-même. Seulement, son action sur la lune est moins forte que sur la terre, puisqu'il fait faire un tour entier à celle-ci en un jour, tandis qu'il lui faut plus de vingt-sept jours pour en faire faire un seul au satellite. Cela tient évidemment au plus grand refroidissement du globe lunaire, et probablement aussi au défaut d'atmosphère. En raison de la différence des diamètres, un point quelconque de l'équateur lunaire marche environ cent fois moins vite qu'un point appartenant à l'équateur terrestre. Nous avons vu que l'hémisphère austral ou océanique de la terre s'approche plus du soleil que son hémisphère boréal. Quelque chose de semblable arrive pour la lune, peut-être même à un degré plus prononcé, sans que nous sachions en quoi l'hémisphère lunaire que nous voyons toujours diffère, par sa constitution, sa forme et ses reliefs, de celui que nous n'apercevons jamais. Quoi qu'il en soit, l'action répulsive de la photosphère solaire est plus forte sur le limbe de la lune que nous voyons que sur celui qui nous est caché, puisque le premier est repoussé au delà de la terre, tandis que le second passe en deçà, c'est-à-dire entre la terre et le soleil. L'action électrique solaire imprime au satellite, avec le mouvement gyratoire, un mouvement de va-et-vient qui se change en ellipse en raison de ce que la terre maintient cet astre à une distance déterminée.

En résumé, un satellite est plus subordonné à sa planète par la gravitation des masses que par l'action électrique, et il est plus subordonné au soleil par l'électricité que par la gravitation.

VI. Comètes.

D'après ce que j'ai dit, dans les paragraphes précédents, sur la manière dont fonctionnent électriquement les astres solaires et les planètes, il est facile de se faire une idée de ce qui doit survenir lorsqu'un globe éteint subit une révolution dans certaines conditions.

Si le noyau incandescent d'une planète était dégagé de son écorce et mis à nu, son émission électrique recommencerait avec l'intensité qu'elle avait immédiatement avant d'être entravée par l'encroûtement. Il y aurait de nouveau une double répulsion par le soleil et par la planète. Celle-ci quitterait son orbite et s'éloignerait pour reprendre à peu près la place qu'elle occupait à l'époque où elle était encore douée d'une lumière propre.

S'il ne disparaissait, au contraire, qu'un fuseau sphérique de l'enveloppe solide, l'émission électrique du noyau ne se faisant que par cet hiatus, l'hémisphère entr'ouvert éprouverait seul une vive répulsion aussitôt que la rotation le placerait en face du soleil ; et cette répulsion le renverrait et le maintiendrait à l'opposé de cet astre. La rotation de la planète cesserait. Mais la partie de ce globe qui serait en regard du soleil serait bientôt énormément électrisée, ainsi qu'on peut s'en faire une idée en supposant qu'un jour d'été de la zone torride se prolonge indéfiniment, c'est-à-dire que le soleil ne quitte pas le même méridien. La planète entière subirait alors la répulsion, ne pouvant plus tempérer l'électrisation par le mouvement gyratoire. Tout en suivant la loi de la diminution suivant le carré des distances, de l'électricité s'ajouterait toujours à celle déjà reçue ; et ce ne serait qu'autant que la somme du fluide accumulé sur l'hémisphère intact excéderait celle de l'électricité émise par l'ouverture de l'autre hémisphère, que celui-ci, refroidi lui-même et se retournant petit à petit, ferait passer l'ouverture en regard du soleil. Ce serait le terme de l'éloignement de la planète. Pendant que l'hémisphère entamé ferait face à l'astre, et pendant le long temps qu'il lui faudrait pour se sur-électriser à une grande distance, l'hémisphère intact se refroidirait considérablement. Celui-là finirait par être repoussé lui-même, tandis que celui-ci, privé d'électricité, se tournerait à son tour du côté du soleil vers lequel il ramènerait la planète par l'effet de la gravitation. En analysant les mouvements, leurs causes et leurs lois, on trouve que la planète changerait son orbite en une ellipse très allongée ; que, pendant tout le temps qu'elle emploierait à parcourir cette ellipse, elle ne ferait même que deux demi-tours inverses, c'est-à-dire par va-et-vient, sur son axe : l'un qui, au périhélie, placerait l'ouverture à l'opposé du soleil, et l'autre qui, à l'aphélie, ferait passer l'ouverture en face de ce dernier astre ; que la planète serait ramenée de l'aphélie au périhélie par l'attraction des masses, et renvoyée du périhélie à l'aphélie par la répulsion électrique, et ainsi de suite par la prépondérance alternative des deux forces ; et qu'enfin elle séjournerait peu au périhélie et beaucoup plus longtemps dans le reste du trajet, en raison de ce que chacune de ces forces agit en raison inverse du carré des distances.

Tout cela ne me semble pas être une pure hypothèse, car c'est la théorie des comètes déduite des faits eux-mêmes.

En effet, une comète n'est autre chose qu'une planète entr'ouverte c'est-à-dire subissant une révolution physique en un ou plusieurs points de sa surface, ainsi que l'a expliqué M. Virlet. L'ouverture se fait, non par enlèvement d'un fuseau sphérique, comme l'idée théorique l'indique pour la facilité du raisonnement, mais par dislocation d'une ou plusieurs parties de la croûte de la planète. C'est une dislocation analogue à celles que la terre a subies et qui ont amené ses différentes périodes géologiques. Il ne peut y avoir de différence que du plus au moins. Nous ne savons pas si certaines fractures de la croûte de notre globe qui ont produit des systèmes de montagnes, ont été assez importantes pour convertir la terre en comète pendant la durée du paroxysme. Le phénomène a bien pu ne pas aller jusque-là, soit à cause du volume déjà considérable de la planète, soit en raison de l'état des matières qui se sont épanchées. Je ne puis toutefois m'empêcher de faire remarquer que la chaîne des Andes, que l'on paraît regarder comme étant le produit de la dernière révolution du globe terrestre, a, entre les pôles, une position et une orientation semblables à celles qu'aurait prises une dislocation qui, par ses proportions, aurait pu influer sur le mouvement diurne de la terre et sur la fixation de son axe de rotation. Nous ne savons pas non plus si le phénomène cométaire se produit plutôt dans les premiers temps du refroidissement qu'aux époques subséquentes. La géologie nous apprend, il est vrai, que les bouleversements de la surface de la terre ont été d'autant plus considérables que l'écorce était plus épaisse, ou, en d'autres termes, plus difficile à briser. Mais elle nous laisse ignorer quel degré de puissance pouvait avoir l'émission électrique qui accompagnait la sortie des masses éruptives.

En l'absence de données positives, il est rationnel de supposer que les comètes sont des globes dont le refroidissement est plus avancé que celui de la terre; car elles sont généralement petites, et par conséquent elles ont dû s'éteindre et se refroidir plus tôt. Et quand même ce serait le contraire, en ce sens que ce pourrait être de petites étoiles éteintes depuis peu et entrées récemment dans notre système solaire, il n'en serait pas moins évident que ce seraient toujours des globes entr'ouverts.

Que serait la queue d'une comète, si ce n'était pas un jet immense de vapeurs et de gaz? En ne se faisant que d'un côté et non par diffusion tout autour de l'astre, ce jet ne prouve-t-il pas qu'il s'échappe du noyau d'un globe à enveloppe solide et en un point où cette enveloppe est brisée? Il y a des comètes qui ont plusieurs queues. Celle de 1744 en a eu simultanément pendant plusieurs jours, jusqu'à six disposées en éventail. Pour peu qu'on ait étudié les effets des révolutions qui ont bouleversé certaines parties de la surface de la terre, on comprend facilement qu'une grande déchirure soit assez inégale et assez accidentée pour diviser un jet gazeux auquel elle donnerait passage, et pour en modifier l'aspect suivant les modifications qu'elle subit elle-même. Il ne serait pas étonnant d'ailleurs qu'un jet multiple, s'il était persistant, accusât plusieurs dislocations coexistantes et ayant ce parallélisme qu'affectent celles qui ont été contemporaines sur notre globe. N'est-ce pas ce qui est arrivé pour la comète de 1823, qui, pendant plusieurs jours, a paru avoir une queue tournée vers le soleil et une autre placée à l'opposé, tant était grand l'angle que formaient entre elles ces deux traînées. Ceci n'était qu'un effet de perspective qui peut se produire dans certaines positions, lorsque deux fractures sont placées à plus de 90 degrés l'une de l'autre, de manière à faire décrire aux deux traînées vaporeuses un angle supérieur à un angle droit. Je pense même que si deux jets, un fort et un faible, partaient de points diamétralement opposés, le plus considérable pourrait être assez prédominant pour se mettre à peu près à l'opposé du soleil et pour amener l'autre presque en regard de cet astre.

Conformément à la théorie, la queue d'une comète est, dans la plupart des cas, directement opposée au soleil. On avait pensé qu'elle était ainsi projetée par une impulsion des rayons solaires. Mais on doit renoncer à cette explication, parce qu'il y a des exemples de déviations dont quelques-unes ont été assez grandes pour être perpendiculaires à la ligne joignant le soleil et la tête de la comète. Ceci n'est, suivant moi, qu'un effet d'équilibre des actions électriques. De même que l'action solaire est plus forte sur nos continents que sur nos océans, de même elle peut avoir plus de prise sur une partie que sur l'autre d'un hémisphère cométaire. Si la terre cessait de tourner en présentant au soleil des continents à l'est et des mers à l'ouest, la ligne de séparation se porterait plus d'un côté que de l'autre. Il doit y avoir quelque chose d'analogue pour les comètes dont la surface n'a pas une constitution homogène.

La courbure de la traînée lumineuse n'est pas une chose incompréhensible. Outre qu'il n'est pas impossible que l'éther de l'espace soit une cause de résistance, quand il s'agit de matières vaporeuses emportées si rapidement, il faut à ces matières un certain temps pour aller du noyau à l'extrémité de la queue, temps pendant lequel la tête de l'astre marche toujours. De plus, l'ellipse que décrit l'extrémité de la queue étant plus étendue que celle que suit le noyau, il doit toujours y avoir retard pour la partie qui parcourt l'ellipse circonscrite. Enfin, la tête d'une comète ne conserve pas exactement la même position, puisque, dans la portion périhélie de son ellipse, elle fait un demi-tour sur elle-même, ce qui tend à écarter la base du jet de l'axe de son prolongement. S'il se vérifie complétement qu'il y ait quelques exceptions à la règle que la convexité de la courbure se tourne du côté de la région vers laquelle se dirige la comète, la cause ne pourrait en être attribuée qu'à l'inégalité de l'action électrique du soleil sur le globe de la comète, inégalité qui tendrait à faire tourner ou osciller certaines comètes l'une à droite, l'autre à gauche.

A part la courbure, la queue d'une comète ressemble assez à un cône creux, effet purement physique, dû probablement à cette circonstance que les gaz et les vapeurs conservent plus longtemps l'état élastique à l'axe qu'à la périphérie, et que la lumière solaire les rend plus visibles dans les parties où ils ont plus de tendance à la condensation.

Un mouvement de projection très rapide a été remarqué dans la queue des comètes de 1807 et de 1811. Ce mouvement doit se communiquer souvent, dans une certaine mesure, à autre chose qu'aux particules d'une matière très divisée. Ainsi les aérolithes, en tant que fragments de la croûte solide d'un corps planétaire, ne proviendraient-ils pas plutôt des immenses éjections cométaires que de simples éruptions de volcans lunaires? La translation précipitée d'une comète n'aiderait-elle pas à anéantir leur gravitation vers cet astre? La nature métallique de certains aérolithes ne prouverait-elle pas qu'ils viennent de globes plus refroidis que la terre?

A la différence des planètes, les comètes marchent dans tous les sens, les unes à droite, les autres à gauche, celles-ci de bas en haut, celles-là de haut en bas, sous toutes les inclinaisons. Ceci doit dépendre de la position première de la dislocation par rapport à l'équateur ou aux pôles de l'astre et à son rayonvecteur, du sens dextre ou sénestre du renversement de cet astre lorsque le foyer d'éruption se tourne à l'opposé du soleil, du point de plus grande intensité électrique, et de la répulsion électrique elle-même, selon qu'elle commence lorsque l'astre marche vers le périhélie ou lorsqu'il se dirige vers l'aphélie.

Nous venons de voir que la queue d'une comète est le résultat de l'action du noyau incandescent mis à découvert par une dislocation, et l'on conçoit qu'accessoirement ce noyau vaporise les liquides de la surface qui se mettent en communication avec lui. La nébulosité procède, au contraire, d'une vaporisation due à l'action du soleil. Ainsi la cause de l'une est à l'intérieur, et celle de l'autre à l'extérieur.

La comète de 1680 reçut du soleil une chaleur environ deux mille fois plus forte que celle du fer en fusion. N'en serait-ce pas assez pour vaporiser un globe entier, si surtout il n'était pas d'une grande dimension? Si la terre recevait la dixième ou la centième partie d'une telle chaleur, toutes ses mers se convertiraient en vapeurs qui lui donneraient une atmosphère très étendue ; et ses couches calcaires abandonneraient par calcination leur acide carbonique qui s'ajouterait à cette atmosphère, etc. Rien ne nous dit même que des corps qui se combinent à une haute température ne se sépareraient pas sous une température plus élevée que toutes celles que nous connaissons, et que la vapeur d'eau, par exemple, au lieu de rester en vapeur élastique, ne reprendrait pas son état primitif d'oxygène et d'hydrogène libre. Mais n'allons pas si loin, et supposons qu'il y ait seulement trois produits aériformes : l'acide carbonique, l'air et la vapeur. L'excessive chaleur qu'ils subiraient les dilaterait considérablement et en ferait une atmosphère immense. Dans cette atmosphère, ils s'échelonneraient néanmoins suivant leurs pesanteurs spécifiques et leur capacité pour le calorique ou l'électricité, et comme la chaleur serait toujours beaucoup plus forte à la surface de la planète que dans les régions élevées, la densité de chacune des trois enveloppes atmosphériques serait bien plus grande à leur pourtour extérieur que dans le voisinage de la surface du globe solide. Chacune réfléchirait la lumière en proportion de la densité de ses diverses parties, et finalement la terre, vue d'un autre astre, pourrait se montrer avec une nébulosité très diaphane au centre et partagée par des couches qui, en projection, ressembleraient à des anneaux lumineux concentriques. Avec moins d'éléments gazeux, il y aurait moins d'anneaux. En réalité, on en voit, dans la nébulosité des comètes, ordinairement un seul, mais quelquefois deux et jusqu'à trois ; ce qui suppose autant d'éléments atmosphériques séparés.

Avec les points de comparaison que j'ai choisis, on pourrait objecter que l'eau vaporisée n'est pas un gaz permanent, et qu'aux dernières limites d'une atmosphère cométaire, elle doit se résoudre en une enveloppe de vapeur vésiculeuse comme celle qui s'échappe d'une chaudière à vapeur. Mais il faut faire attention qu'il s'agit de comètes au périhélie, ou à peu près, et, par conséquent, d'une température toujours extrêmement élevée et sans changements brusques du genre de ceux qui condensent la vapeur sous nos yeux dans les circonstances ordinaires. Toutes nos mers seraient-elles vaporisées, qu'elles ne donneraient pas à la terre un voile bien épais, si leur vapeur était obligée de s'étendre jusqu'à 22,000 lieues de son centre, comme l'a fait l'enveloppe de la comète de 1811 par rapport à son noyau. Que serait-ce, à plus forte raison, quant à l'étendue, avec une température comme celle qu'a éprouvée la comète de 1680 ?

Lorsqu'une comète a une queue, l'anneau ne se termine pas. Il forme seulement, du côté du soleil, un demi-cercle dont les extrémités sont continuées par les rayons qui dessinent les limites de la queue. Rien de plus naturel. La plus forte vaporisation extérieure se faisant sur l'hémisphère opposé à la dislocation, parce qu'il est toujours en face du soleil, les gaz et les vapeurs y forment un excès qui tend à se répandre uniformément autour de l'astre. Mais ils n'y parviennent pas, parce qu'ils sont entraînés par le jet qui produit la queue, et qui est lui-même un énorme foyer de chaleur tant dans son intérieur, qu'à une certaine distance de ses rayons lumineux. C'est peut être même ce qui augmente la visibilité de ses bords.

C'est le corps de la comète qui donne l'impulsion, tandis que la nébulosité qui l'entoure ne fait que la recevoir, de sorte qu'en raison de sa nature gazeuse et de son immense étendue, cette nébulosité se prête moins à un mouvement rapide que le globe solide lui-même. C'est ce qui fait que, le plus souvent, le corps de l'astre est excentrique en avant, c'est-à-dire vers le soleil. Ceci doit avoir lieu toutes les fois que la vaporisation qui engendre la nébulosité se produit à peu près uniformément sur tout l'hémisphère qui reste soumis à l'insolation. Quelquefois cependant le corps de la comète est excentrique en arrière, c'est-à-dire à l'opposé du soleil. Ne serait-ce pas parce que les matières vaporisables occuperaient alors principalement le milieu de la surface de ce même hémisphère, de manière qu'il s'en élèverait plus en avant que partout ailleurs ? Si la terre, cessant de tourner, présentait constamment le grand Océan au soleil, l'effet serait il le même que si elle lui présentait ses continents et ses méditerranées ?

On a vérifié l'exactitude de l'observation d'Hévélius que le diamètre des nébulosités cométaires augmente à mesure que les comètes s'éloignent du soleil. On pourrait penser, de prime abord, que la périphérie des nébulosités se dilate assez fortement et devient assez rare, dans le voisinage de l'astre solaire, pour cesser d'être visible, et pour que la nébulosité tout entière paraisse diminuée, si le globe desséché n'alimente plus la vaporisation. Mais l'hypothèse de M. Valz, qui a déjà donné exactement la loi des variations de volume pour deux comètes, semble préférable. Son auteur suppose que la matière éthérée, plus pressée autour du soleil qu'à une distance plus grande, exerce, sur les nébulosités cométaires, une pression proportionnelle à sa densité. Cette explication a rencontré une objection tirée de ce que la nébulosité d'une comète n'est pas imperméable à l'éther. Il est vrai qu'il n'y a pas imperméabilité ; mais on ne peut disconvenir que l'émission ou les ondulations de l'éther sont plus entravées dans une masse quelconque, si mobile ou si fluide qu'elle soit, que dans le vide absolu, et qu'ainsi, dès qu'il y a une cause de résistance, il y a aussi une cause de pression. D'ailleurs, l'éther ne peut être autre chose que l'électricité solaire. Supposons que, durant l'état solide, l'électrosphère d'un atome soit 100, qu'au maximum de l'état gazeux elle reçoive un accroissement jusqu'à 1,000 et ne puisse aller au delà. Deux atomes voisins étant dans le même cas, comme le propre de l'électricité est de tendre toujours à l'équilibre, lorsqu'ils seront en un point où l'électricité solaire sera 500, l'électrosphère de chacun sera 100 + 400 = 500. Ils s'écarteront, et cet effet est ce qu'on nomme la dilatation. Lorsqu'ils seront plus rapprochés du soleil, en un autre point où l'électricité de cet astre sera 1000, chacun prendra pour électricité 100 + 900 = 1000, et ils s'écarteront davantage. Mais lorsqu'ils seront poussés encore plus près du soleil, en un lieu où l'électricité émise par l'astre sera, par exemple, 1500, leur résistance à prendre une électrosphère supérieure à 1000 fera qu'ils seront repoussés ensemble par l'excès de l'électricité solaire plus fortement qu'ils ne se repoussaient entre eux. En appliquant ce raisonnement à une grande agglomération de matière nébuleuse cométaire, nous dirons que la masse subira une sorte de pression, à mesure qu'elle traversera des régions où l'électricité solaire excédera la capacité de ses atomes ou de ses molécules pour le fluide électrique. De cette manière, la perméabilité de l'atmosphère des comètes ne sera plus une difficulté.

La question de savoir si les comètes ont des phases n'est pas résolue. Une solution affirmative serait en faveur de la théorie. Une solution négative ne prouverait rien à l'encontre, parce que la surface d'un globe cométaire peut être échauffée ou électrisée jusqu'au point de devenir idio-lumineuse, et que, d'ailleurs, même sans cela, une vaste atmosphère nébuleuse peut répandre la lumière partout.

Les comètes ne peuvent manquer de se présenter sous des as ects différents, suivant la différence de leur constitution, selon qu'elles ont ou non, à leur surface, des substances solides ou liquides plus ou moins vaporisables, que ces substances occupent des régions plus ou moins grandes, et que les dislocations surviennent en dedans ou en dehors de ces régions.

Les orbites des comètes diffèrent aussi beaucoup les unes des autres ; et c'est un argument de plus en faveur de la théorie. Il doit y avoir, en effet, bien des intermédiaires entre l'état cométaire le plus complet et celui qui touche le plus à sa fin, comme entre le paroxysme le plus intense et celui qui l'est le moins. Presque toujours les comètes reparaissent sous des aspects différents et avec des changements dans leur mouvement de translation, changements qui ne peuvent être attribués tous à l'action perturbatrice d'autres globes et à la position de la terre au moment de l'observation. Aussi, lorsque la révolution physique a cessé par refroidissement et consolidation des matières épanchées, et que l'émission électrique qui causait la traînée lumineuse ne se fait plus, la nébulosité ne peut tarder à disparaître par condensation, et la rotation doit recommencer. La comète est alors entièrement perdue de vue. On la suppose sortie de notre système solaire ; et un jour vient où, rentrée dans l'état normal, elle donne lieu à la découverte d'une planète nouvelle.

Pour les globes qui, comme la terre et la lune, ont une surface inégalement électrisable, une grande révolution physique doit changer la position de l'axe lorsqu'elle a pour conséquence l'émersion d'une partie de l'enveloppe solide ou le changement de configuration des continents. Lorsque la catastrophe est moins violente, elle peut encore déplacer temporairement l'axe de rotation ou même seulement modifier, pendant sa durée, les éléments de l'orbite, de manière à produire des effets de déplacement de mers, des dénudations, et des phénomènes glaciaires et erratiques qui ne cessent que quand tout est rentré dans l'état planétaire normal.

On a émis quelque part la conjecture que les comètes avaient des habitants. Tenons plutôt pour certain que, pour tout globe habité, la transformation en comète serait le signe de la destruction violente de la vie organique sur toute sa surface.

L'existence des comètes sans queue apparente n'a rien de contraire à la théorie que je propose. L'émission gazeuse ne peut pas être perpétuelle. La révolution physique peut ne pas être très intense et toucher à sa fin lorsque l'astre est ou redevient visible pour nous. Le foyer d'électricité ou de chaleur peut s'ouvrir sans un grand dégagement de gaz ou de vapeurs, en produisant, par exemple, un épanchement pâteux au milieu d'une surface sèche. D'ailleurs, pour que la rotation planétaire subît une altération, il suffirait, ce me semble, que l'électricité émise, dans un temps donné, par le point affecté, excédât la somme de celle que la planète reçoit du soleil pendant le même temps.

Mais on peut objecter qu'il y a des comètes sans noyau, et d'autres qui n'ont peut-être qu'un noyau diaphane. Les observations critiques de M. Arago (*Annuaire du bureau des longitudes* pour 1832, pages 203 et suivantes) nous montrent combien de choses l'étude de ces astres laisse encore à désirer, et combien les erreurs peuvent être faciles quand il s'agit de noyaux cométaires de petites dimensions, enveloppés de grandes nébulosités dans lesquelles ils sont plus ou moins excentriques.

Il y a de légères nébulosités sans traînée lumineuse, et dont la matière est assez rare pour ne pas éclipser les plus petites étoiles. Je pense qu'il leur faut une théorie et un nom distincts. Une simple agglomération gazeuse éprouve elle-même l'électrisation solaire plus fortement du côté du soleil qu'à la partie opposée ; mais l'état de liberté et d'extrême mobilité de ses molécules l'empêche de s'astreindre au mouvement de rotation autour d'un axe aussi facilement que le font les globes à enveloppe solide. La translation ne doit donc pas être la même que si le mouvement gyratoire contribuait plus efficacement à la régulariser.

Enfin, il me paraît difficile d'admettre la diaphanéité du noyau de certaines comètes. Pour qu'on pût voir une étoile à travers le noyau d'une comète, il faudrait que ce globe eût partout la même densité, une transparence complète, une surface parfaitement unie. S'il était liquide, il faudrait en outre que sa surface ne fût aucunement agitée. Sans ces conditions, dont on ne conçoit pas la réunion en pareil cas, l'image ne pourrait être ni régulière ni régulièrement transmise. De plus, l'absorption de la lumière serait d'autant plus forte que le diamètre serait plus grand ; et, d'un autre côté, plus le globe serait petit, plus il fonctionnerait à la manière d'une lentille. Quelque grand qu'il soit d'ailleurs, il aurait toujours un foyer où les rayons réfractés concentreraient l'image et au delà duquel ils se disperseraient par leur divergence. En deçà comme au delà de ce foyer, l'image ne conserverait ni l'éclat ni les proportions de l'étoile vue directement et sans l'interposition d'un corps étranger.

SECONDE PARTIE.

NOTIONS THÉORIQUES.

Je ne puis donner ici qu'un aperçu indispensable pour justifier la première partie, de plusgrands détails ne pouvant trouver place dans une simple notice.

I. Il n'y a qu'un seul fluide électrique.

En voyant les pendules de sureau électrisés par le verre se repousser, ceux électrisés par la résine se repousser aussi, et les premiers attirer les seconds, et réciproquement, Dufay en conclut qu'il y avait deux espèces d'électricité. Cette conséquence manque de justesse, par les raisons que voici :

1° Suivant cette hypothèse, chaque corps a les deux électricités ; et, dans l'électrisation par frottement, le corps frotté garde une des deux électricités, tandis que le corps frottant prend l'autre. Or, ainsi que je l'ai dit en parlant des nébuleuses, puisque ce sont précisément les deux électricités contraires qui s'attirent, et que l'électricité en général marche avec une vitesse prodigieuse (77,000 lieues par seconde), elles mettraient plus de promptitude à se combiner de nouveau pour reconstituer le fluide neutre que le mouvement de frottement n'en mettrait à les désunir. De sorte que l'électrisation par frottement ne serait pas possible.

2° On a négligé à tort le rôle de l'air dans le jeu des pendules ; car chaque atome ou chaque molécule d'air a une électrosphère susceptible d'augmentation ou de diminution. Les pendules électrisés en plus ont chacun une atmosphère électrique qu'ils perdent, en vertu de la tendance perpétuelle de l'électricité à se mettre en équilibre partout. Au contact, les atmosphères électriques de ces pendules seraient obligées de se pénétrer réciproquement, ce qui, augmentant l'excès dans toute l'étendue dans laquelle se ferait cette pénétration réciproque, serait précisément contraire à la tendance à l'équilibre et au rétablissement de cet équilibre. D'un autre côté, les molécules de l'air ambiant, qui n'ont que leur fluide naturel, en possèdent moins que les pendules sur-électrisés. Elles fonctionnent à l'égard de ceux-ci comme le feraient des corps non électrisés, suppléant par leur nombre à ce qui leur manque en étendue. Elles les attirent et en sont attirées; et finalement les pendules s'écartent et prennent la position qui se prête le plus à la déperdition de leur excès d'électricité. Les pendules électrisés en moins tendent à reprendre du fluide. L'air ambiant est, à leur égard, comme s'il était sur-électrisé, puisqu'il a plus de fluide qu'eux. Il leur en cède une partie du sien. Si les deux pendules restaient voisins, l'air en contact avec eux serait obligé de leur céder une quantité de fluide presque double de celle qu'en prendrait un seul. L'équilibre se rétablirait moins promptement, d'autant plus que l'air sec est peu conducteur, c'est-à-dire cède et transmet lentement de son fluide, et que les mêmes molécules aériennes ne peuvent pas indéfiniment s'appauvrir d'électricité. Dès lors, les deux pendules s'éloignent, en prenant chacun la place où il peut le plus facilement réparer son déficit. Enfin, un pendule électrisé en moins et un autre électrisé en plus s'attirent par la tendance de l'un à prendre et de l'autre à céder une partie de l'excès qui se trouve sur l'un d'eux. Tout s'explique donc très naturellement sans l'hypothèse de Dufay.

3° C'est surtout le jeu de la pile de Volta qui donne la preuve qu'il n'y a qu'un seul fluide électrique.

Parmi les corps, les uns retiennent fortement leur fluide propre ainsi que celui dont on les charge, et ne reprennent que lentement et difficilement celui qu'on leur enlève; c'est ce qui leur fait donner le nom de mauvais conducteurs. Les autres cèdent facilement une partie de leur électricité et transmettent facilement aussi celle qu'on leur communique; on les nomme bons conducteurs.

Dans les mêmes circonstances, les corps de même nature possèdent la même quantité d'électricité, tandis que les corps hétérogènes en ont, au contraire, des quantités différentes. Aussi, les métaux étant bons conducteurs, si l'on met en contact deux disques de même métal, il n'y a pas de signe d'électricité, parce que, leurs quantités de fluide électrique étant égales, il ne cesse pas d'y avoir équilibre entre elles. Mais si les disques sont de métaux différents, et qu'ils se touchent ou qu'on les soude ensemble par un de leurs bords, ils fonctionnent comme un conducteur unique, c'est-à-dire que leur conductibilité partage entre eux la différence de leurs quantités de fluide propre, par la raison que l'électricité se met en équilibre partout où elle peut s'étendre librement.

Soient A un des disques métalliques hétérogènes avec une quantité d'électricité = 100, et B l'autre disque avec une quantité du même fluide = 102. Après le contact ou la soudure, la différence 2 se partage : A = 100 + 1 et B = 102 — 1 ; de sorte que, par l'effet de l'équilibre électrique, l'un a 1 de plus et l'autre 1 de moins que ne comporte leur capacité électrique naturelle. Ils sont alors électrisés. Si, au moyen d'un conducteur convenable, on les met en communication par des points opposés au contact ou à la soudure, l'excès de A se reporte sur B, dont la capacité électrique est plus étendue, et qui reprend ainsi ce qu'il avait perdu. Mais leur conductibilité opère tout de suite un nouveau partage, qui tend immédiatement à détruire l'effet de l'inégalité des capacités électriques des deux métaux ; ce qui fait que, le double phénomène du partage et de la circulation se renouvelant sans cesse, on a un courant électrique. A ne peut pas rendre 1 à B par leur point de contact ou de soudure, parce que leur conductibilité ne peut pas avoir les propriétés contraires d'opérer le partage et de le détruire, c'est-à-dire qu'elle ne peut pas simultanément être et n'être pas. D'un autre côté, les deux disques ne peuvent pas conserver leur nouvel état électrique, celui qui résulte du partage, parce qu'il faudrait que leurs capacités naturelles fussent égales, qu'elles ne le sont pas à cause de la nature différente des métaux, et qu'elles ne peuvent pas être à la fois égales et inégales. A est donc forcé de rendre à B le fluide qu'il en a reçu ; et puisque ce ne peut pas être par le point de contact, il faut que ce soit par des points opposés. Tel est le double effet de la propriété conductrice et de l'inégalité des capacités électriques.

Dans l'hypothèse des deux électricités, le fluide positif d'un couple passerait sur l'un des disques et le fluide négatif sur l'autre. Mais ce serait contraire à la théorie elle-même, puisqu'elle enseigne que ces deux fluides s'attirent au lieu de se repousser. Et puis, pourquoi le fluide positif du premier disque passerait-il sur le second sans que celui du second passât sur le premier, et ainsi du fluide négatif de chacun ? Les échanges se faisant, il y aurait partage égal, et, par conséquent, neutralisation ou recomposition instantanée, qui ne changerait pas l'état naturel. A la vérité, on a fait intervenir une force électro-motrice. Que serait cette force ? Procéderait-elle des deux corps ? Non, puisqu'ils sont en repos, et que l'inertie ne produit ni force ni mouvement. Proviendrait-elle de leur électricité ? Nullement, sinon le fluide électrique entraverait lui-même sa propre marche. Ce serait, d'ailleurs, une singulière force que celle qui, détruisant l'état naturel, favoriserait l'aller sur deux conducteurs réunis en un seul et empêcherait le retour sans que la propriété conductrice fût changée.

On paraît maintenant chercher l'explication du phénomène dans l'action chimique exercée par le liquide acidulé sur les disques métalliques. Ce n'est pas résoudre la difficulté, car la pile fonctionne sans le secours d'un acide. L'agent chimique ne fait qu'augmenter l'effet, qui devient ainsi complexe ; c'est-à-dire que, outre celui des disques, on a celui des piles moléculaires que constituent les particules de l'acide en contact avec les molécules des métaux. Tout corps qui se combine avec un autre ou le décompose est, par chacune de ses molécules, un des éléments d'une pile.

Dans les appareils composés d'un corps conducteur et d'un autre qui ne l'est pas, le corps non conducteur retient fortement, son fluide propre et celui dont on le charge, et ne reprend ou ne remplace que lentement celui qu'on lui enlève. Aussi faut-il un frottement, c'est-à-dire un effort plus grand qu'un simple contact, pour modifier les électrosphères de ses molécules. Dans la machine électrique, si le conducteur n'était pas armé de pointes, il n'y aurait qu'une action par influence, tant que l'électricité ne jaillirait pas par étincelle. Électrisé en plus, il repousserait une partie du fluide naturel du conducteur, qui serait ainsi électrisé en moins à l'extrémité la plus voisine, et en plus à l'extrémité la plus éloignée. Électrisé en moins, il produirait sur le conducteur l'effet inverse. Avec les pointes, le conducteur reçoit un excès quand le plateau est électrisé en plus et cède une partie de son fluide quand le plateau est électrisé en moins. Tout cela a lieu en vertu de la tendance du fluide des corps conducteurs à se partager pour rétablir l'équilibre sur les points où il est rompu. Aussi y a-t-il des différences d'aspect dans les aigrettes lumineuses, suivant qu'elles enlèvent ou qu'elles apportent de l'électricité au conducteur.

II. La pile de Volta ne suffit pas pour faire apprécier le rôle des éléments dans les combinaisons et pour fonder la théorie électro-chimique.

Façonnée d'après l'étude des corps amorphes, la chimie se ressent de son origine, et se trouve souvent en désaccord avec la cristallisation. Sa division en corps actifs ou modifiants, et passifs ou modifiables, est trop absolue et résulte de ce que l'on s'est trop préoccupé du rôle du corps, considéré, de prime abord, comme prédominant, et pas assez des *actions réciproques* de tous les éléments entrant dans un même composé. On a pensé que toute incertitude disparaîtrait en appréciant le rôle des corps d'après la manière dont ils se comportent sous l'action de la pile électrique; et l'on a commis ainsi une erreur d'autant plus grave, qu'elle atteint toute la théorie électro-chimique.

En effet, les éléments hétérogènes ayant, comme je l'ai dit, des sommes différentes d'électricité propre, leur état électrique ne change pas, s'ils restent libres sous l'action de la pile. Il change, au contraire, s'ils s'y combinent. Une combinaison toute formée est-elle soumise à l'appareil voltaïque; si elle résiste, c'est que rien ne change dans son électricité ni dans celle de ses composants. Si elle cède, c'est que ses composants reprennent leur état électrique primitif, ce qui fait qu'ils se séparent. La preuve des modifications de l'état électrique, sous l'influence de la pile, est non seulement dans le transport d'un élément vers un pôle plutôt que vers l'autre, mais encore dans le dégagement ou l'absorption d'une certaine quantité d'électricité et dans le changement des propriétés. Une combinaison a cela de caractéristique, que ses propriétés sont différentes de celles de ses composants, et réciproquement. S'il en était autrement, c'est-à-dire si ses propriétés n'étaient que la somme de celles des éléments constituants, on n'aurait pas une combinaison, mais seulement un mélange. Or le changement des propriétés ne peut pas provenir de la matière pondérable, puisqu'elle ne change pas de nature; donc il n'est dû qu'à la modification de son état électrique. Je le prouverai plus loin d'une manière encore plus évidente.

Si un corps dit électro-négatif restait tout aussi électro-négatif en se combinant avec un autre, et que celui-ci restât avec le premier aussi électro-positif qu'avant la combinaison, il n'y aurait pas besoin d'une pile pour les associer. Ils s'associeraient d'eux-mêmes sans donner aucun signe d'électricité.

Il faut donc reconnaître qu'une pile ne décompose que parce qu'elle dérange l'état électrique du composé et en dégage les composants, en leur restituant l'électricité qu'ils avaient lorsqu'ils étaient libres, et que toute pile qui opère une combinaison substitue un état électrique nouveau à celui qui était propre à chaque composant. Par conséquent, la pile montre seulement si un corps est électro-négatif ou électro-positif relativement à un autre, lorsqu'ils ne sont pas combinés ou qu'ils ont cessé de l'être; mais elle ne fait pas connaître leur état électrique pendant qu'ils sont engagés dans une combinaison.

III. La cristallisation fournit des faits contraires à la théorie électro-chimique.

On considère le soufre comme étant le principe actif ou modifiant dans tous les composés que l'on nomme sulfures. La raison veut que le principe modifiant domine par sa forme cristalline. C'est bien ce qui arrive dans la *stibine* ou *stibigalène* (1), qui, comme le soufre, a pour type un octaèdre rhomboïdal droit. Mais c'est le contraire dans l'*argyrose*, qui, au lieu de prendre la forme du soufre, prend celle de l'argent et cristallise en cube.

La *pyrite*, les *cobaltines*, le *nickel gris*, l'*antimonickel*, la *galène* et l'*alabandine* sont comme l'*argyrose*, ayant le cube pour forme primitive. Ces minéraux, ainsi que les *panabases*, avec leur forme tétraédrique, la *chalkopyrite*, avec son tétraèdre ou son octaèdre presque régulier, et la *blende*, avec son dodécaèdre rhomboïdal, ne subissent pas la forme cristalline du soufre, et prennent, au contraire, des types simples, qui sont ceux sous lesquels cristallisent la plupart des métaux.

M. Mitscherlich a obtenu le soufre en prisme rhomboïdal oblique, forme que s'approprient la *miargyrite*, le *réalgar* et l'*orpiment*. Mais la *sperkise*, le *mispickel*, la *stannine* ou *stannopyrite*, la *psaturose*, la *bismuthine*, la *jamsonite* de Léonhard, le *cuivre sulfuré prismatoïde* et la *sternbergite* vont moins loin et ne prennent que le prisme rhomboïdal droit. La *leberkise*, la *chalkosine*, la *molybdénite* et la *zinkenite* forment un groupe à part sous le prisme hexaèdre régulier. L'*argyrythrose*, la *proustite* et le *cinabre* en forment un autre sous la structure rhomboédrique.

Ces différences ont une valeur qu'il est facile d'apprécier, lorsque l'on compare entre elles la *pyrite* (pyrite martiale), la *sperkise* (pyrite rayonnée) et la *leberkise* (pyrite magnétique), qui ont toutes trois les mêmes composants, le soufre et le fer, et qui cependant cristallisent l'une dans un type propre au fer (2), l'autre sous un type voisin de celui du soufre, et l'autre encore sous un polyèdre intermédiaire.

(1) Je prends les noms des espèces minérales dans la dernière édition de la *Minéralogie* de Beudant, et dans le *Règne minéral* de M. Necker.

(2) J'ai adressé à l'Académie des sciences, en décembre 1852, un échantillon de fer cristallisé dans un four à puddler et clivable en cube. Il est renvoyé à l'examen d'une commission.

J'ai choisi les sulfures pour exemples, à cause de la grande différence de formes qui existe entre le soufre et ce que l'on nomme les bases.

Si des sulfures on passe aux sulfates, on ne trouve que deux de ceux-ci, l'*alun* et l'*ammonalun*, sous les formes simples du cube ou de l'octaèdre régulier. Excepté l'*alunite*, qui cristallise en rhomboèdre voisin du cube, les autres prennent en grand nombre la cristallisation du soufre, ou s'en rapprochent beaucoup.

La différence numérique tient ici à l'intervention de l'oxygène, qui ne possède pas de forme cristalline propre, et qui, dans le premier degré d'oxydation, ne paraît pas éloigner les corps simples des polyèdres réguliers, mais qui les en éloigne lorsque l'oxydation est plus forte. Ainsi, la *sidérite*, l'*arsénoxyde* et la *ziguéline*, oxydes du premier degré, restent dans les polyèdres réguliers; tandis que la *stannolite*, la *braunite*, la *hausmanite*, le *ruthile* et l'*anatase* se placent dans les polyèdres à base carrée, que l'*oligiste*, le *corindon* et le *quartz* cristallisent en rhomboèdre, et que la *zincite*, l'*exitèle* et la *pyrolusite* prennent pour type le prisme rhomboïdal droit.

Il y a d'ailleurs des tendances cristallines propres à certains corps, et qu'il est impossible de méconnaître. Telles sont celles de la *chaux*, de la *magnésie*, du *fer* et du *manganèse*, qui marchent de pair, d'une part, dans les grenats, et de l'autre dans les spaths rhomboédriques connus sous les noms de *calcaire*, *giobertite*, *dolomie*, *sidérose* et *diallogite*.

Après avoir dressé un tableau général de tous les minéraux qui cristallisent, j'ai constaté les résultats suivants. Tous les corps simples qui cristallisent isolément se rangent sous les types réguliers, sauf le soufre et peut-être l'*arsenic* et le tellure. Lorsqu'ils se combinent ensemble sous des formes cristallines, ils restent encore plus nombreux dans les types réguliers que dans les autres, si toutefois on en excepte les sulfures. Si l'on y réunit ceux-ci, il en est encore de même, sauf que les cristallisations sont plus nombreuses dans les premiers types, et que le soufre se reporte beaucoup dans les derniers et principalement dans celui auquel il appartient lui-même. Dans les composés formés d'un corps simple qui cristallise isolément, et d'un autre qui ne cristallise pas seul ou qui ne donne pas de cristaux persistants, la cristallisation ne va pas jusqu'aux types les plus compliqués. Elle se partage presque uniformément les autres, en plaçant cependant un peu moins de genres dans les types réguliers et dans ceux qui les suivent immédiatement. Enfin, tous les autres minéraux à plusieurs bases cristallisables, combinées avec un ou plusieurs éléments incristallisables, même en ne comptant pas les sulfates, sont numériquement, dans les derniers types cristallins, le double de ce qu'ils sont dans les premiers. Et en y réunissant les sulfates, la différence est encore plus marquée, à cause de l'influence de la forme spéciale de soufre.

Voilà des faits contraires au classement absolu par éléments électro-négatifs et par éléments électro-positifs. La nature ne procède donc pas systématiquement de cette manière-là, et c'est parce qu'on n'y a pas pris garde que la chimie tend à absorber la minéralogie et à la faire déchoir du rang qui lui appartient dans l'histoire naturelle. C'est une preuve de plus que la pile voltaïque ne sert qu'à faire connaître l'état électrique relatif des éléments qui ne sont pas combinés ou qui ne le sont plus, et qu'elle est incapable de révéler le rôle que joue leur électricité dans le sein même de leurs combinaisons.

IV. Nouvelle théorie électro-chimique.

Nous avons vu que les globes astronomiques se rapprochent à mesure que leur électricité diminue. Il s'agit maintenant de démontrer que la même loi régit les atomes des corps, et qu'en outre ils ne se combinent que par l'égalisation diamétrique de leurs électrosphères.

Ce sujet étant complexe et assez abstrait, je le divise ainsi : 1° forme des atomes déduite de la cristallisation ; 2° rapport entre l'électricité et les formes cristallines des combinaisons ; 3° théorie de l'électricité dans les combinaisons et cause des proportions chimiques ; 4° cause de l'isomorphisme.

1° Forme des atomes.

En dressant un tableau méthodique des substances cristallisées, on remarque qu'en général les formes cristallines se compliquent et se multiplient à mesure que la composition chimique se complique elle-même, et *vice versa*. Ce tableau présente une sorte de pyramide ayant à sa base un grand nombre de combinaisons qui se reproduisent sous des formes primitives très variées par les dimensions relatives, les mesures angulaires et les inclinaisons. Si l'on remonte vers son sommet, les combinaisons et les formes primitives se simplifient simultanément et de plus en plus ; de sorte qu'en arrivant aux corps simples, on ne trouve plus que quelques types cristallins, presque tous d'une extrême simplicité. Parmi ceux-ci dominent l'octaèdre régulier et le cube, le tétraèdre régulier étant rare dans les corps cristallisés. Il paraît manquer quelque chose pour former le sommet de l'échelle cristallographique et pour servir de centre commun ou de point de départ à la cristallisation. C'est la sphère. Plusieurs savants, et notamment Berzélius, l'ont considérée comme étant la forme des atomes ; et c'est une vérité facile à démontrer.

La sphère est plus simple que le plus simple de tous les polyèdres, puisqu'elle n'a qu'une seule dimension, qui est son diamètre. Elle n'a pas de parties modifiables comme le sont les angles et les arêtes d'un cristal. Aussi ne la trouve-t-on pas parmi les cristaux, parce qu'elle y serait forme primitive sans forme secondaire possible, n'ayant rien pour distinguer l'espèce du genre et le genre de la famille, et qu'il ne peut pas y avoir de familles sans genres, ni de genres sans espèces ou avec un caractère unique et identique pour toutes ces divisions.

Par sa simplicité même, la forme sphérique ne peut appartenir qu'à l'atome, qui est plus simple que l'agrégation qui constitue un cristal. Les atomes doivent être plus simples que les espèces minérales, parce qu'ils ne sont pas eux-mêmes des espèces : ils n'en sont que les éléments constituants.

L'atome est indivisible, la divisibilité infinie n'étant qu'une idée abstraite qui ne peut pas être appliquée à la matière. De même qu'en mathématiques il est impossible de diviser l'unité en fractions qui soient encore des unités de même espèce ; de même, dans le monde physique, l'unité atomique ne peut pas être composée de parties dont chacune serait elle-même une unité. Si l'atome était divisible, il ne serait plus qu'un composé, les parties ne seraient pas semblables au tout, et la nature de l'élément ne serait pas immuable. Sans doute, un corps sphérique est divisible ; mais il s'agit ici, non pas d'un corps dans le sens ordinaire du mot, mais bien de ce qui compose élémentairement un corps, c'est-à-dire de l'atome ou unité de la matière, ce qui est tout différent. La forme sphérique est donc la seule qui soit compatible avec l'indivisibilité de l'atome.

Il n'y a que la sphère qui puisse se prêter à tous les modes d'empilement polyédrique, et, par suite, au passage d'un même élément dans des cristallisations de types différents. Les groupements géométriques des sphères ne peuvent engendrer que des polyèdres, et, par conséquent, les groupements réguliers ou symétriques d'atomes sphériques doivent toujours produire des cristaux. Les atomes ont une forme propre, unique, qui favorise leur réunion, et qui n'appartient pas à la cristallisation. Se groupent-ils, la cristallisation résulte de leur concours, l'uniformité cesse, la diversité commence et va toujours en s'étendant. C'est ainsi qu'en passant des éléments libres aux minéraux, qui en sont les combinaisons ou les groupements, on entre dans la série des formes polyédriques : d'abord les classes de types isomorphes ; puis, dans chaque classe, un type propre à chaque genre ; ensuite des formes spécifiques différentes, après lesquelles viennent encore les variétés.

On pourrait objecter que, si un polyèdre implique l'idée de la division par le clivage, et celle de la variation par des modifications d'arêtes et d'angles solides, il faut distinguer entre les polyèdres cristallins, qui sont divisibles, parce qu'ils sont composés de plusieurs parties, et les polyèdres atomiques qui ne le sont pas, parce qu'ils sont simples et constituent l'unité des éléments. Mais si les atomes avaient une forme spéciale pour chaque corps simple, il en résulterait cette anomalie, que les formes atomiques seraient plus nombreuses que les formes primitives de tous les cristaux ; car celles-ci ne se rapportent pas et ne peuvent pas se rapporter à plus de quatorze types, tandis que le nombre des éléments connus excède cinquante, ce qui impliquerait plus de cinquante formes différentes. Ne fussent-elles qu'en même nombre, il serait encore extraordinaire que les atomes, simples qu'ils sont en tout, eussent autant de formes que les cristallisations des corps, dont les uns sont, il est vrai, formés d'éléments homogènes, mais dont les autres, et c'est le plus grand nombre, le sont d'atomes hétérogènes. Les corps simples ne cristallisent que sous un petit nombre de formes primitives, et beaucoup d'entre eux sous la même. Aussi, est il rationnel d'admettre qu'il y a bien plus d'éléments que de corps ayant une seule forme commune pour les atomes. Or, si une même forme atomique est commune à beaucoup d'éléments hétérogènes, pourquoi ne le serait-elle pas à tous ?

En supposant aux atomes des formes polyédriques, ou ces formes seraient régulières comme le cube et le tétraèdre, l'octaèdre et le dodécaèdre rhomboïdal réguliers, ou elles seraient irrégulières ou symétriques, ou bien il y en aurait des unes et des autres. Dans le premier cas, comment des atomes réguliers se grouperaient-ils pour former des cristaux obliques ? Dans le second, comment des atomes obliques ou obliquangles de différentes sortes se réuniraient-ils en cristaux cubiques ou tétraédriques, octaédriques, dodécaédriques réguliers ? Dans le troisième, quel arrangement les formes régulières prendraient-elles avec les formes irrégulières ou obliques pour construire des cristaux, tantôt d'une sorte et tantôt d'une autre? Dans les composés compliqués, comme l'alun, l'ammonalun, la pharmacosidérite, le pyrochlore, l'helvine, l'amphigène, l'analcime, les grenats, on n'aurait un cristal très simple qu'avec le concours de formes atomiques disparates. Avec la diversité des formes atomiques, on ne concevrait pas que l'isomorphisme pût exister pour tant de minéraux différents, ni comment un même élément s'arrangerait, dans ses combinaisons avec d'autres, pour entrer dans des cristaux qui parcourraient successivement la totalité ou la plupart des types cristallins. Enfin, si chaque élément chimique avait une forme atomique distincte, pourquoi les trois sulfates de fer, *pyrite*, *sperkise* et *leberkise*, auraient-ils trois formes primitives, tandis qu'ils n'ont que deux éléments?

On ne peut pas dire que les atomes soient amorphes, car l'amorphisme suppose un amas de parties réunies confusément et sans ordre, tandis qu'un atome est un tout sans parties. Il serait impossible que des éléments amorphes concourussent à produire la structure régulière des cristaux, et précisément toujours la même dans les mêmes circonstances.

Ainsi les atomes ne peuvent être ni polyédriques ni amorphes. Donc ils sont nécessairement sphériques.

2° Rapport entre l'électricité et les formes cristallines des combinaisons.

On a partagé les quatorze types cristallins en sept groupes, dont chacun comprend les formes réciproquement inscriptibles. Ce rapprochement est peut-être trop systématique, puisqu'il confond les structures cristallines semblables ou analogues avec les structures inverses. Il sépare d'ailleurs les types réguliers de tous les autres; et c'est ce que Haüy et d'autres cristallographes n'ont pas admis, au moins d'une manière absolue, puisqu'ils ont considéré les formes régulières comme des limites qui pouvaient se trouver accidentellement communes aux divers systèmes cristallins. Ainsi, entre les octaèdres à base carrée les plus voisins de l'octaèdre régulier par leurs hauteurs, se place l'octaèdre régulier lui-même. Entre les deux prismes à base carrée les plus voisins du cube par leur hauteur, comme entre les deux rhomboèdres les plus rapprochés du cube, se place le cube lui-même, etc. Les formes primitives régulières sont donc comme des points centraux autour desquels tournent, divergent et se ramifient toutes les autres formes primitives de la cristallisation.

On a des exemples très remarquables de cette connexion des types.

Ainsi la chalcopyrite a pour forme primitive un tétraèdre symétrique si voisin du régulier, que Haüy ne l'en distinguait pas. L'octaèdre à base carrée, que d'autres lui donnent, ne diffère pas davantage de l'octaèdre régulier. La forme primitive de l'alabandine est indiquée comme étant le cube ou un prisme droit qui en approche beaucoup. Celle de la boracite diffère si peu du cube que, sans son axe de double réfraction, personne ne songerait à y voir un rhomboèdre. Le prisme carré de l'idocrase s'éloigne peu du cube ; les rhomboèdres de l'oligiste, de l'ilménite, du quartz, du corindon et de l'alunite n'en diffèrent guère non plus. Le prisme rhomboïdal est très voisin du rectangulaire dans la bismuthine, la stibine, l'andalousite et l'epsomite. La léadhillite, rapportée pendant longtemps au rhomboèdre, l'est maintenant, par M. Haïdenger, au prisme rhomboïdal oblique. Le type de la malachite, est, suivant les uns, un prisme rhomboïdal droit, et, suivant les autres, un prisme rhomboïdal oblique.

La cristallisation, procédant graduellement, lie donc entre elles toutes les productions du règne minéral, en les rapprochant ou en les éloignant par plus ou moins de degrés intermédiaires, suivant leurs analogies ou leurs différences.

Les atomes ne peuvent avoir ni vide ni pores dans leur petite masse ; car, s'ils étaient vides ou poreux, ils seraient divisibles et ne constitueraient plus l'unité de la matière : ce ne seraient plus des atomes. Étant indivisibles, ils sont impénétrables ; donc leur électricité n'est pas dans leur intérieur, d'où l'on ne pourrait d'ailleurs pas la faire sortir. Elle ne peut se placer qu'autour d'eux, en leur formant une électrosphère. Toute électrosphère atomique est susceptible d'augmentation ou de diminution, sans quoi le fluide resterait toujours latent, et il n'y aurait pas de phénomènes électriques et électrochimiques. C'est aussi ce que tendent à prouver les expériences récentes de M. Brame, dans lesquelles la matière apparaît d'abord sous forme utriculaire, à cause de la tension des électrosphères, et cristallise ensuite lorsque cette tension diminue.

Cela dit, les atomes d'un même corps, en se groupant à l'abri de toute action perturbatrice, sont obligés de se disposer de manière à laisser entre leurs petites sphères matérielles des interstices assez grands pour que leurs électrosphères y trouvent place, en se prêtant néanmoins au rapprochement ou au groupement des atomes avec l'élasticité propre au fluide électrique. Dans les cristaux, l'étendue des électrosphères atomiques détermine donc celle des interstices. Cherchons les rapports de ces interstices avec les formes primitives, et si nous les trouvons, nous arriverons à cette conséquence, que l'électricité atomique est le régulateur de la forme, et qu'ainsi elle est l'agent de toute combinaison chimique et de toute cristallisation.

Dans le tétraèdre régulier, chaque atome sphérique en touche douze autres; de sorte que le vide qui reste pour son électrosphère est la différence entre la sphère atomique et le dodécaèdre rhomboïdal régulier circonscrit à cette sphère. Dans l'octaèdre régulier, l'atome et le vide sont dans les mêmes conditions que pour le tétraèdre régulier, la structure interne étant identique (1). Pour ces deux polyèdres cristallins, l'atome étant représenté par 2, le vide l'est par 1, ce qui donne le rapport :: 2 : 1 ou. . . . . :: 8 : 4

Dans le dodécaèdre rhomboïdal régulier, chaque atome est entouré de quatorze autres. Il y en a huit qu'il touche et six qui sont un peu distants. La structure est un enchevêtrement de celles de l'octaèdre et du cube, avec cette différence que ce sont les atomes de la structure octaédrique qui sont en contact. Le vide est représenté par la différence entre la sphère et le cubo-octaèdre circonscrit, ne touchant que par les faces octaédriques. L'atome est au vide :: 2 : 1,25 ou. . . . . . :: 8 : 5

Dans le prisme hexaèdre régulier, chaque atome en touche huit autres. Le vide est la différence entre la sphère et le prisme hexaèdre circonscrit; de sorte que l'atome est au vide :: 2 : 1,50 ou. . . . . :: 8 : 6

Il y a un rhomboèdre dans lequel l'atome est au vide :: 2 : 1,75 ou . . . . :: 8 : 7

Enfin, dans le cube où chaque atome en touche six autres, le vide est la différence entre la sphère et le cube circonscrit, ce qui donne à très peu près le rapport :: 2 : 2 ou. . . . . :: 8 : 8

Ainsi, pour les formes que je viens de citer, les vides sont entre entre eux :: 4 : 5 : 6 : 7 : 8, ou, en prenant le premier pour unité :: 1 : 1,25 : 1,50 : 1,75 : 2.

Si l'on rapproche de ceci ce que j'ai dit de la connexion des types cristallins, et si l'on étudie comparativement les formes primitives, non d'une manière abstraite, mais dans les minéraux eux-mêmes,

(1) Le tétraèdre régulier se prête à moins de décroissements et de formes secondaires que l'octaèdre régulier. Aussi ne s'est-il encore présenté que dans deux minéraux, la panabase et l'helvine; et le tétraèdre irrégulier n'est indiqué que pour la chalcopyrite.

afin de reconnaître les limites de hauteur, de largeur et d'obliquité dans lesquelles la cristallisation les renferme, et dont elle ne peut les faire sortir qu'en créant des types dérivés ou des types *collatéraux ;* si d'ailleurs on tient compte de certains écartements atomiques inévitables dans les formes qui sont allongées dans tel ou tel sens, on trouvera, pour représenter les interstices atomiques, une série de nombres intermédiaires à intercaler entre les termes de la progression indiquée plus haut. De sorte que la cristallisation a une échelle interstitiaire, comme l'acoustique a une échelle pour les sons, et comme la lumière a une échelle des couleurs dans le spectre solaire.

Dans tous les cas, comme les sphères atomiques tendent, par leur mutuelle attraction, au plus grand rapprochement possible, il n'y a que leurs électrosphères qui puissent faire obstacle à ce plus grand rapprochement. Plus ces électrosphères sont étendues, plus les interstices atomiques qui les reçoivent doivent être grands, et réciproquement. Et comme c'est de l'étendue des interstices que dépend la forme primitive des cristaux, il en résulte qu'en définitive l'électricité est la cause de la forme cristalline et le régulateur des combinaisons.

Je reprends l'exemple des trois pyrites. Suivant la théorie chimique actuelle, c'est le soufre qui en est l'élément actif ou modificateur, parce que le soufre libre est électro-négatif par rapport au fer libre. Suivant la cristallisation, au contraire, le soufre est électriquement dominant dans un des trois, puisqu'il lui imprime une forme primitive qui se rapproche plus de la sienne que de celle du fer ; dans un autre, c'est le fer, puisqu'on y trouve la forme primitive du fer, et en tous cas, une forme qui appartient à des métaux ; et, dans la troisième, la forme primitive paraît être intermédiaire entre celle du fer et celle du soufre. Il semble donc qu'il y ait un *sulfure de fer*, un *sidérure de soufre* et un *sulfo-fer* ou *sidéro-soufre*. Voilà la différence qu'il y a entre l'appréciation des éléments en combinaison et celle des éléments en *liberté*.

3° Théorie de l'électricité dans les combinaisons et cause des proportions chimiques.

Il y a des atomes à électrosphères très étendues. Il y en a d'autres qui en ont de très restreintes. D'autres enfin occupent, sous ce rapport, des positions intermédiaires entre ces deux extrêmes. De là dérivent les états gazeux, liquide et solide.

Pour que des atomes puissent former des cristallisations, c'est-à-dire se grouper en polyèdres, il faut qu'outre le repos et la liberté nécessaires à cette opération naturelle, ils réunissent ces deux conditions indispensables : une force de cohésion suffisante et l'égalité de leurs électrosphères.

Les sphères matérielles des atomes ne peuvent pas manquer de s'attirer en raison directe des masses, mais aussi en raison inverse du carré des distances. C'est une loi générale de la matière pondérable, loi applicable même aux infiniment petits Qu'il y ait en présence l'un de l'autre des atomes parfaitement libres, ils s'attireront tant qu'ils seront à une distance plus grande que la somme des épaisseurs de leurs électrosphères. Une fois que celles-ci seront en contact, ils seront forcés de s'arrêter, parce que si les électrosphères se confondaient, leur partie commune constituerait pour chaque atome une somme d'électricité plus grande que celle que comporterait sa capacité naturelle. Il y aurait, en un mot, un excès d'électricité qui occasionnerait une répulsion. Il en est donc des atomes comme des globes astronomiques, ils s'attirent d'autant plus qu'ils ont moins d'électricité, et réciproquement. Il n'y a de différence que dans les mouvements de translation et de rotation qui existent pour les astres et qui n'existent pas pour les atomes, et cette différence tient à ce que les astres ont un trop-plein d'électricité qui fait de chacun d'eux un foyer d'émanation électrique, tandis qu'il n'émane rien des sphères atomiques, et que, dans les conditions où elles sont sur notre globe, leurs électrosphères sont des quantités fixes et invariables tant qu'une action étrangère ne les modifie pas (1). Les électrosphères étant grandes, les petites masses atomiques sont relativement trop éloignées pour s'attirer fortement. Elles ont la mobilité qui caractérise les gaz. Les électrosphères étant petites, les sphères atomiques sont très rapprochées, et leur attraction détermine en elles cette adhérence qu'on nomme cohésion et qui distingue les solides.

L'égalité des électrosphères est la seconde condition nécessaire pour qu'il y ait combinaison avec cristallisation. Cette égalité se faisant suivant un des rapports dont j'ai indiqué les principaux termes dans le paragraphe IIe, il en résulte forcément le groupement polyédrique qui y correspond.

Les électrosphères des atomes homogènes, c'est-à-dire d'un même

(1) Nous avons même vu que la terre et son satellite ont encore assez d'électricité pour se tenir à distance, mais n'en répandent plus assez pour se faire mouvoir, leur mouvement dépendant exclusivement du soleil.

corps simple, sont naturellement égales. Celles des atomes hétérogènes sont au contraire inégales. Donc, pour que les corps qui ne sont pas de même nature se combinent et cristallisent, il faut que les électrosphères de leurs atomes soient toutes ramenées à l égalité. Pour y parvenir, il faut recourir à l'électricité que développent des réactifs, des piles convenables, des foyers de chaleur, etc.

L'égalisation peut se faire de trois manières entre des atomes hétérogènes :

1° Par augmentation des électrosphères des uns et des autres, comme pour le carbone et le soufre dans le sulfure de carbone ou carbure de soufre. C'est le cas le moins fréquent.

2° Par leur diminution commune, comme pour l'oxygène et l'hydrogène dans l'eau, pour l'oxygène et l'azote dans l'acide azotique, etc.

3° Par diminution des électrosphères d'un élément et augmentation de celles de l'autre, comme pour l'oxygène et le carbone dans l'acide carbonique, pour l'oxygène et le soufre dans l'acide sulfurique, et pour tous les éléments qui constituent seuls des solides et qui, combinés avec un principe gazeux, donnent encore des solides. C'est ce dernier cas qui se présente le plus souvent dans la nature.

On pourrait penser que l'augmentation commune des électrosphères doit opérer une répulsion par excès d'électricité, et que leur diminution commune doit en exercer une par déficit. Il est vrai qu'il y a moins de fixité, et que l'équilibre est plus facile à rompre. Mais encore faut-il, pour que la séparation se fasse, qu'il intervienne de l'électricité du dehors ou un corps étranger en état de reprendre ou de céder du fluide. Hors de là, il n'y a pas de répulsion au delà de la périphérie de chaque électrosphère, qu'elle soit augmentée ou diminuée ; sans quoi il faudrait, outre une parfaite conductibilité, que l'électricité agît non seulement où elle est, mais encore où elle n'est pas.

Les composés les plus fixes sont les combinaisons solides dans lesquelles les électrosphères s'égalisent par diminution pour un élément et par augmentation pour l'autre. C'est atomiquement l'analogue de ce qui se passe dans l'électrosphore. Pour s'en faire une idée, que l'on représente une série d'atomes hétérogènes par des lettres et leurs électrosphères par des nombres, tels que :

$$A = 100 \ldots B = 102 \ldots F = 112 \ldots M = 130 ;$$

et qu'on les suppose successivement soumis deux à deux à différentes tensions électriques.

Sous la tension 101, A et B pourront donner une combinaison fixe qui sera $A = 100 + 1$ et $B = 102 - 1$, et dans laquelle on n'aura que le rapport de 1 à 1.

Au contraire A et F pourront donner plusieurs degrés de combinaison. Ainsi, sous une tension électrique $= 106$, on aura :

$A = 100 + 6$. . . . . $F = 112 - 6$ :: 1 : 1, ou AF.

Sous la tension 108, il y aura :

$$A = 100 + 8 \ldots \ldots \begin{Bmatrix} F = 112 - 4 \\ F = 112 - 4 \end{Bmatrix} :: 1 : 2, \text{ ou } AF^2.$$

Sous la tension 109, ce sera :

$$A = 100 + 9 \ldots \ldots \begin{Bmatrix} F = 112 - 3 \\ F = 112 - 3 \\ F = 112 - 3 \end{Bmatrix} :: 1 : 3, \text{ ou } AF^3.$$

A 110, on aurait :

$A = 100 + 10$ avec cinq fois $F = 112 - 2$ :: 1 : 5, ou AF^5.

Sous les électricités 102, 103 et 104, on aurait les rapports inverses A^5F, A^3F et A^2F, ou FA^5, FA^3, FA^2.

Avec $A = 100$ et $M = 130$, il est aisé de trouver les rapports de 1 à 1, 1 à 2 et 1 à 4 et leurs inverses. Il n'est pas plus difficile de trouver les autres avec d'autres nombres.

Tous les corps qui ont une action chimique prononcée, et principalement ceux auxquels on donne le nom de réactifs, agissent de deux manières. Comme piles atomiques ou moléculaires, ils décomposent, parce que des atomes dont l'électricité est fortement modifiée en plus ou en moins ne peuvent pas manquer de changer l'état électrique de ceux avec lesquels ils entrent en contact. Comme source d'éléments différents, ils fournissent la matière de nouvelles combinaisons. Soit un composé binaire AB^4 dont les éléments aient pour électricité primitive ou pour capacité électrique $A = 100$ et $B = 110$, et un autre composé binaire CD^2 dont les atomes aient pour capacité électrique $C = 92$ et $D = 116$. Le premier sera constitué comme il suit :

$$A = 100 + 8 \begin{Bmatrix} B = 110 - 2 \\ B = 110 - 2 \\ B = 110 - 2 \\ B = 110 - 2 \end{Bmatrix} = AB^4.$$

Et le second le sera ainsi :

$$C = 92 + 16 \left\{ \begin{array}{l} D = 116 - 8 \\ D = 116 - 8 \end{array} \right\} = CD^2.$$

L'un étant supposé liquide, ce qui favorise le contact atomique, et étant versé sur l'autre, il se formera la nouvelle combinaison AD où $A = 100 + 8$ et $D = 116 - 8$; ce qui constituera un équilibre électrique plus complet et plus stable ; et B, C et une partie de D redeviendront libres ou s'associeront en un composé ternaire. Dans ce dernier cas, si l'on enlevait encore un élément, la combinaison ne serait plus possible ou serait bien moins durable entre les deux autres.

L'égalisation des électrosphères établit dans les combinaisons des rapports stables, fixes et simples. Stables, parce que l'attraction de cohésion fait persister une combinaison tant qu'elle n'est pas soumise à une action électrique étrangère et capable de ramener les électrosphères de ses atomes à leur état primitif, ou de les faire entrer dans une combinaison différente. Fixes, parce que c'est la conséquence d'un équilibre électrique. Simples, parce que le nombre des atomes qui peuvent se grouper autour d'un autre a des limites *maxima* et *minima*, qui sont très restreintes; que, de plus, il n'y a pas d'action exclusive entre tel atome considéré comme central et ceux qui l'entourent, chaque atome étant lui-même central pour tous ses voisins ; et que, sans le partage et la réciprocité de leur action, lesquels simplifient numériquement le résultat, il se formerait bien des molécules, mais ces molécules n'auraient pas de lien commun et ne se réuniraient pas en cristaux.

Les atomes hétérogènes n'ont pas tous la même facilité de se prêter à des changements électriques. L'oxygène est celui de tous les éléments dont l'électricité peut le plus diminuer, puisque, quoique naturellement gazeux, il entre dans un grand nombre de combinaisons solides.

Suivant la capacité électrique des composants, on peut n'obtenir que certains des rapports simples et non les autres. C'est ainsi que les combinaisons binaires peuvent ne se former que l'une dans le rapport de 1 à 1, l'autre dans celui de 1 à 2, d'autres dans celui de 1 à 3, d'autres encore dans ceux de 2 à 1, 1 à 1 et 1 à 2. J'ajouterai même qu'une erreur d'appréciation peut provenir de ce que l'on ne connaîtrait pas toutes les combinaisons possibles des corps entre eux ou les degrés des seules qui soient possibles; de sorte que l'on pourrait prendre pour le premier degré celui qui ne serait que le second ou le troisième, ou pour le premier et le second ceux qui seraient premier et troisième ou second et troisième, etc., et réciproquement. Ceux de 2 à 1, 1 à 1 et 1 à 2 pourraient même être pris, faute de termes suffisants de comparaison, pour les rapports de 1 à 1, 1 à 2 et 1 à 4.

L'égalisation des électricités atomiques a lieu pour les composés ternaires, quaternaires, etc., comme pour les composés binaires. Seulement la combinaison des éléments paraît avoir moins de degrés à mesure que le nombre de ces éléments augmente, les égalisations électriques et les arrangements cristallins étant d'autant plus difficiles à former qu'il y a plus de termes à égaliser et plus d'espèces d'atomes à disposer symétriquement.

Suivant le plus ou le moins de conductibilité, et aussi suivant la différence des capacités électriques des atomes hétérogènes, il faut des piles tantôt très énergiques et tantôt très faibles, pour opérer des combinaisons ou des décompositions. Tout courant ou tout effluve électrique qui outrepasse le maximum de la capacité électrique des atomes les désunit, la répulsion excédant alors la force d'attraction de leurs sphères matérielles.

Les atomes hétérogènes, dont les électrosphères sont très étendues, ont souvent besoin de passer par un état intermédiaire pour se combiner. Ainsi, il faut que les électrosphères des atomes du fer soient augmentées au moyen d'une chaleur très vive, pour que le fer se combine avec l'oxygène sec. Le fer froid ne s'empare de l'oxygène qu'au contact de l'eau, à laquelle il paraît l emprunter, parce que l'oxygène de l'eau a des électrosphères plus restreintes que celui de l'air.

Il y a des combinaisons dont l'état électrique peut être détruit par une faible chaleur, un choc ou même un léger frottement. Les composés fulminants sont dans ce cas. Le phénomène ne peut se concevoir ici que par addition d'un surcroît d'électricité étrangère, là que par soustraction d'une portion du fluide des atomes du composé, avec mouvement des sphères atomiques, mouvement favorisant une séparation d'éléments et même la formation d'autres composés avec mise en liberté d'une certaine quantité de fluide électrique. C'est quelque chose de semblable qui a lieu dans la combustion ordinaire, dont le cas le plus simple est celui d'un mélange d'oxygène et d'hydrogène. Si l'on plonge dans le mélange du platine spongieux ou en poudre impalpable, le métal, par son extrême division, se met en contact atomique avec les gaz, et, par sa conductibilité, il enlève, sans se combiner une grande quantité d'électricité aux électrosphères des atomes circonvoisins, puisqu'il rougit et reste à l'état métallique. Il en résulte un mouvement et un rapprochement rapide des sphères atomiques qui, s'attirant plus fortement, abandonnent une grande partie de leur électricité et se groupent de manière à former de l'eau. Si l'on détermine le mouvement des atomes par l'addition électrique qu'occasionne un corps chaud et embrasé, les effets sont les mêmes, et il n'y a de différence que dans le sens du mouvement atomique primitif qui change les électrosphères. Si l'effet se produisait dans un mélange occupant une grande étendue et en dehors de toute atmosphère et de toute action perturbatrice, l'eau tendrait vers le centre à mesure qu'elle se formerait, et l'électricité dégagée constituerait une photosphère à la circonférence. C'est ce qui a dû arriver pour la terre, à l'époque où l'eau de ses océans s'est formée par combinaison de ses deux éléments. Les globes lumineux qui se montrent au sein des orages volcaniques, les éclairs en boule dans les orages ordinaires, pourraient bien n'être que la photosphère d'une combinaison gazeuse en voie de formation et donnant de l'ozone ou un autre produit encore ignoré, photosphère contenue d'abord par la résistance de l'air extérieur, et éclatant ensuite par jets en zigzags après la combinaison.

L'électricité prend des noms différents suivant ses diverses manières d'être ou ses différents modes d'action. Ainsi l'électricité atomique en repos constitue le calorique latent des corps. L'électricité indépendante des corps et répandue dans l'espace est l'éther impondérable ou la lumière en repos. S'échappant avec régularité et continuité des électrosphères atomiques d'un corps pour atteindre et augmenter uniformément celles des atomes d'un autre, c'est le calorique en mouvement. Émanant d'un corps et agissant sur l'éther de l'espace de manière à le faire onduler, c'est la lumière perceptible. Accumulée et se précipitant ensuite instantanément sur un seul point, c'est le jet électrique des machines et de la foudre. En électrosphères déformées et excentriques dans le même sens à l'intérieur d'un corps, c'est le magnétisme, ainsi qu'on le voit par la tourmaline, la topaze, etc., dont les sommets dissemblables indiquent suffisamment que le fluide trouve, par la dilatation, plus de place dans un sens que dans l'autre entre les atomes du cristal. On en a un autre exemple dans l'aimantation par percussion ou par torsion qui fixe les électrosphères déformées par l'action terrestre et les empêche de reprendre leur sphéricité première.

C'est aux électrosphères atomiques que sont dues certaines propriétés des corps, telles que leur élasticité, la faculté de transmettre la lumière à travers les masses transparentes, celle de la réfléchir suivant un angle égal à l'angle d'incidence. Ceci est une preuve de plus de la sphéricité des atomes ; car comment y aurait-il égalité entre les angles d'incidence et de réflexion, si les atomes étaient irréguliers ou en polyèdres de plusieurs sortes et à faces diversement inclinées?

Les couleurs du spectre solaire ne peuvent faire obstacle à l'identification de la lumière et de l'électricité, ces couleurs ne pouvant se concevoir que par la différence de vitesse et d'amplitude des ondulations lumineuses qui traversent des corps réfringents d'épaisseur inégale, et par la différence des sensations qui en résultent. Les couleurs des corps doivent s'expliquer de même par la différence d'amplitude des ondulations réfléchies.

4° Cause de l'isomorphisme.

Les isomorphes sont des corps hétérogènes dont les atomes ont des électrosphères primitives ou naturelles presque égales, ou s'égalisant plus facilement ensemble qu'avec d'autres; d'où il suit qu'ils se ressemblent beaucoup par leurs caractères et leurs propriétés, et qu'ils se comportent d'une manière analogue ou presque identique. Aussi leurs électricités à peu près égales leur permettent-elles, soit de se substituer aisément l'un à l'autre dans leurs combinaisons avec un troisième corps, soit de marcher de pair, deux ou plusieurs ensemble, pour se combiner simultanément avec un élément différent de ceux de leur ordre.

L'isomorphisme a ses degrés et ses limites, car deux corps peuvent être respectivement isomorphes dans leurs combinaisons avec un troisième, et ne l'être plus en se combinant avec un quatrième. Il ne faut, pour cela, qu'un peu plus de différence entre les électricités primitives, les capacités électriques, et même la conductibilité des éléments.

Les expériences de M. Mitscherlich et Beudant ont prouvé que, si deux ou plusieurs isomorphes se combinent ensemble, l'angle du composé qui en résulte paraît être la moyenne entre les angles propres à chaque substance et proportionnel aux quantités de chacune d'elles. De tels rapports prouvent, à leur tour, que la cristallisation est l'*expression géométrique de la loi de constitution des combi-*

naisons. De même que, dans les isomorphes, elle exprime par le même type la même loi, de même, dans les hétéromorphes, elle marque, par des types différents, des lois de constitution différentes.

A la vérité, les formes cristallines sont sujettes à varier par suite de la différence de température, de l'introduction de particules de matières étrangères dans l'eau de cristallisation, de changements dans la nature de la solution, ou de l'intervention de quelques atomes d'une autre substance dans la combinaison. Toutes ces causes sont évidemment dues elles-mêmes à des actions électriques plus ou moins prononcées et qui déterminent parfois, comme dans l'arragonite, des changements très remarquables dans les caractères physiques. Mais la difficulté d'étudier et de définir toutes les exceptions n'est pas une raison pour abandonner la règle, car la nature ne peut pas subir le reproche d'imperfection qu'on est en droit d'adresser à toute science humaine.

www.ingramcontent.com/pod-product-compliance
Ingram Content Group UK Ltd.
Pitfield, Milton Keynes, MK11 3LW, UK
UKHW022131260726
13993UKWH00003B/1375